课堂实录

JavaScript 网页设计与网站特效

网页设计与网站特效

刘贵国　晁代远 / 编著

课堂实录

U0352082

清华大学出版社

北京

内容简介

本书全面介绍JavaScript的基本知识、高级技巧和实例，全书共17章，包括JavaScript基础知识、HTML基础、数据类型和变量、表达式与运算符、JavaScript程序核心语法、JavaScript核心对象、JavaScript中的事件、window对象、屏幕和浏览器对象、文档对象、历史对象和地址对象、表单对象和图片对象、Ajax基础、导航菜单特效案例、文字和图片特效案例、按钮链接和页面特效案例、广告代码特效案例等内容。

本书适合所有想全面学习JavaScript的开发人员阅读，包括网页设计与制作人员、JavaScript初学者、JavaScript专业开发人员、JavaScript开发爱好者、大中专院校的学生以及社会培训班学员。

图书在版编目(CIP)数据

JavaScript网页设计与网站特效课堂实录 / 刘贵国　晁代远　编著. -- 北京：清华大学出版社，2015(2017.8重印)
（课堂实录）

ISBN 978-7-302-39556-0

Ⅰ.①J… Ⅱ.①刘…②晁… Ⅲ.①JAVA语言－程序设计 Ⅳ.①TP312

中国版本图书馆CIP数据核字(2015)第046810号

责任编辑：陈绿春
封面设计：潘国文
责任校对：胡伟民
责任印制：刘祎淼

出版发行：清华大学出版社
　　　　网　　址：http://www.tup.com.cn，http://www.wqbook.com
　　　　地　　址：北京清华大学学研大厦A座　　　　　　邮　编：100084
　　　　社 总 机：010-62770175　　　　　　　　　　　　邮　购：010-62786544
　　　　投稿与读者服务：010-62776969，c-service@tup.tsinghua.edu.cn
　　　　质 量 反 馈：010-62772015，zhiliang@tup.tsinghua.edu.cn
印 刷 者：北京鑫丰华彩印有限公司
装 订 者：三河市溧源装订厂
经　　销：全国新华书店
开　　本：188mm×260mm　　　　　印　张：18.5　　　　　字　数：533千字
　　　　（附光盘1张）
版　　次：2015年10月第1版　　　　印　次：2017年8月第2次印刷
印　　数：3501～4500
定　　价：49.00元

产品编号：061948-01

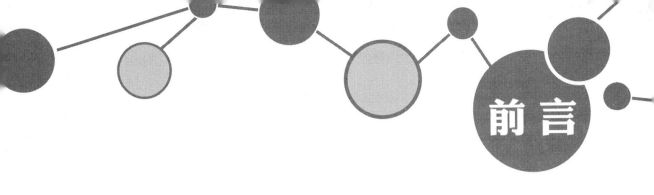

前言

　　早些年，JavaScript由于其复杂的文档对象模型（DOM）和不一致的浏览器实现而不受开发者的待见。而随着技术的发展，JavaScript变得越来越强大、完善，比如，Ajax技术可以创建更加迷人的Web应用，Node.js将JavaScript的应用范围扩展到了服务器端，各种层出不穷的框架使得JavaScript的开发更加简捷，尤其是近几年HTML5的出现，将 JavaScript提升到了前所未有的高度。如今 JavaScript已经变成了Web开发必备的语言，甚至开始逐步向移动领域渗透，由于JavaScript的跨平台特性，使得它在移动互联网时代可以有更大的作为。

　　JavaScript是面向Web的编程语言。绝大多数现代网站都使用了JavaScript，并且所有的现代Web浏览器均包含了JavaScript解释器。这使得JavaScript成为使用最广泛的编程语言之一。JavaScript也是前端开发工程师必须掌握的3种技能之一：描述网页内容的HTML、描述网页样式的CSS以及描述网页行为的JavaScript。本书能帮助你掌握JavaScript这门语言。

本书主要内容

　　JavaScript是目前网页设计中最简单易学并且易用的语言，它能让你的网页更加生动活泼。利用JavaScript做出的网页特效，能大大提高网页的可观性，增加收藏和点击率。

　　本书共17章，包括JavaScript基础知识、HTML基础、数据类型和变量、表达式与运算符、JavaScript程序核心语法、JavaScript核心对象、JavaScript中的事件、window对象、屏幕和浏览器对象、文档对象、历史对象和地址对象、表单对象和图片对象、Ajax基础、导航菜单特效案例、文字和图片特效案例、按钮链接和页面特效案例、广告代码特效案例等内容。

本书主要特色

● 知识全面系统

　　本书内容完全从网页创建的实际角度出发，内容涉及JavaScript的基本知识、高级技巧和核心原理，基本涵盖了JavaScript开发的所有重要知识和特效实例，而且还介绍了结合jQuery的实例、JavaScript和CSS结合特效实例及Active技术应用等。

● 典型实例讲解

　　本书的每章都配有大量实用案例，这些实例都来自于实际的网页开发实践，实用性非常强，读者通过研读这些实例，可以系统地掌握JavaScript的开发技术。

● 配合Dreamweaver进行讲解

　　本书以浅显的语言和详细的步骤介绍了在可视化网页软件Dreamweaver中，如何运用

JavaScript代码来创建网页，使网页制作更加得心应手。

● **配图丰富，效果直观**

对于每一个实例代码，本书都配有相应的效果图，读者无须自己运行编码，也可以看到相应的运行结果或者显示效果。在不便上机操作的情况下，读者也可以根据书中的实例和效果图进行分析和比较。

● **贯穿大量的开发技巧，迅速提升开发水平**

本书在讲解实例时贯穿了大量的网页开发技巧，通过对这些技巧的掌握，可以让读者掌握实际编程的捷径，从而迅速提高开发水平。

● **习题强化**

每章后都附有针对性的练习题，通过实训巩固每章所学的知识。

本书读者对象

网页设计与制作人员。

网站建设与开发人员。

JavaScript初学者。

想全面学习JavaScript开发技术的人员。

JavaScript专业开发人员。

JavaScript开发爱好者。

大中专院校的学生。

社会培训班学员。

参加本书编写的人员包括：刘贵国、晁代远、张连元、晁辉、陈石送、何琛、吴秀红、王冬霞、何本军、乔海丽、邓仰伟、孙雷杰、孙文记、何立、倪庆军、胡秀娥、赵良涛、徐曦、刘桂香、葛俊科、葛俊彬等。由于时间所限，书中疏漏之处在所难免，恳请广大读者朋友批评指正。

作　者

目录

第12章 表单对象和图片对象

第13章 Ajax基础

第14章 导航菜单特效案例

第15章 文字和图片特效案例

第16章 按钮链接和页面特效案例

第17章 广告代码特效案例

第1章
JavaScript基础知识

本章导读

　　JavaScript是一种基于对象和事件驱动的客户端脚本语言。JavaScript最初的设计是为了检验HTML表单输入的正确性。JavaScript起源于Netscape公司的LiveScript语言。JavaScript几乎可以控制所有常用的浏览器，而且JavaScript是世界上最重要的编程语言之一，学习Web技术前必须要学会JavaScript。

技术要点

◎ JavaScript简介
◎ 在HTML中嵌入JavaScript的方法
◎ 第一个JavaScript程序

实例展示

在状态栏显示信息

1.1 JavaScript简介

JavaScript是一种脚本语言，比HTML要复杂。不过即便不懂编程，也不用担心，因为JavaScript写的程序都是以源代码的形式出现的，也就是说如果在一个网页里看到一段比较好的JavaScript代码，恰好也用得上，就可以直接拷贝，然后将其放到网页中去即可。

1.1.1　JavaScript的历史

JavaScript是Netscape公司与Sun公司合作开发的。在JavaScript出现之前，Web浏览器只能显示超文本文档软件的基本部分。而在JavaScript出现之后，网页的内容不再局限于枯燥的文本，它们的可交互性得到了显著的改善。JavaScript的第一个版本，即 JavaScript 1.0版本，出现在1995年推出的Netscape Navigator 2浏览器中。

在JavaScript 1.0发布时，Netscape Navigator主宰着浏览器市场，微软的IE浏览器则扮演着追赶者的角色。微软在推出IE3的时候发布了自己的VBScript语言并以JScript为名发布了JavaScript的一个版本，以此很快跟上了Netscape的步伐。

面对微软公司的竞争，Netscape和Sun公司联合ECMA（欧洲计算机制造商协会）对JavaScript语言进行了标准化，其结果就是ECMAScript语言，这使得同一种语言又多了一个名字。虽说ECMAScript这个名字没有流行开来，但人们现在谈论的JavaScript实际上就是ECMAScript。

到了1996年，JavaScript、ECMAScript、JScript——随便你们怎么称呼它，已经站稳了脚跟。Netscape和微软公司在它们各自的第3版浏览器中都不同程度地提供了对JavaScript 1.1语言的支持。

这里必须指出的是，JavaScript与Sun公司开发的Java程序语言没有任何联系。人们最初给JavaScript起的名字是 LiveScript，后来选择"JavaScript"作为其正式名称的原因，大概是想让它听起来有系出名门的感觉，但令人遗憾的是，这一选择反而更容易让人们把这两种语言混为一谈，而这种混淆又因为各种Web浏览器确实具备这样或那样的Java客户端支持功能的事实被进一步放大和加剧。事实上，虽说Java在理论上几乎可以部署在任何环境中，但JavaScript却只局限于Web浏览器。

1.1.2　JavaScript特点

JavaScript具有以下语言特点。

● JavaScript是一种脚本编写语言，采用小程序段的方式实现编程，也是一种解释性语言，提供了一个简易的开发过程。它与HTML标识结合在一起，从而方便用户的使用和操作。

● JavaScript是一种基于对象的语言，同时也可以看作是一种面向对象的语言。这意味着它能运用自己已经创建的对象，因此它的许多功能可以来自于脚本环境中对象的方法与脚本的相互作用。

● JavaScript设计简单，首先它是一种基于Java基本语句和控制流之上的简单而紧凑的设计，其次它的变量类型采用弱类型，并未使用严格的数据类型。

● JavaScript是一种安全性语言，它不允许访问本地硬盘，并且不能将数据存入到服务器上，不允许对网络文档进行修改和删除，只能

通过浏览器实现信息浏览或动态交互，从而有效地防止数据的丢失。

● JavaScript是动态的，它可以直接对用户或客户的输入做出响应，无须经过Web服务程序。它对用户的响应是采用以事件驱动的方式进行的。所谓事件驱动，就是指在网页中执行了某种操作所产生的动作，就称为"事件"，比如按下鼠标、移动窗口、选择菜单等都可以视为事件。当事件发生后，可能会引起相应的事件响应。

● JavaScript具有跨平台性。JavaScript是依赖于浏览器本身的，与操作环境无关，只要有能运行浏览器的计算机，并有支持JavaScript的浏览器就可正确执行。从而实现了"编写一次，走遍天下"的梦想。

1.1.3　JavaScript和Java的区别

在各种网页制作技术论坛中，常常有人询问JavaScript与Java有什么区别，甚至有人误认为JavaScript就是Java。JavaScript与Java确实有一定的联系，但可以肯定地说它们之间有很大的区别。

1．基于对象和面向对象

Java是SUN公司推出的新一代面向对象的程序设计语言，特别适合于Internet应用程序开发；而JavaScript是Netscape公司的产品，其目的是为了扩展Netscape Navigator功能而开发的一种可以嵌入Web页面中的基于对象和事件驱动的解释性语言。

2．解释和编译

两种语言在其浏览器中所执行的方式不一样。Java的源代码在传递到客户端执行之前，必须经过编译，因而客户端上必须具有相应平台上的仿真器或解释器，它可以通过编译器或解释器实现独立于某个特定的平台编译代码的束缚。

JavaScript是一种解释性编程语言，其源代码在发往客户端执行之前不需经过编译，而是将文本格式的字符代码发送给客户端由浏览器解释执行。

3．安全性

JavaScript作为网络的脚本语言，可以直接查看其源代码，所以安全等级不高，可以任

意复制粘贴。而Java应用在网页的程式称为Java Apple，是与HTML代码分开的，所以安全性相对较高。

4．强变量和弱变量

JavaScript与Java相比，结构没有Java的严谨。

Java采用强类型变量检查，即所有变量在编译之前必须声明，如：

```
Integer x;
String y;
x=1234;
y=4321;
```

其中x=1234说明是一个整数，y=4321说明是一个字符串。

JavaScript中的变量声明采用其弱类型，即变量在使用前不需声明，而是解释器在运行时检查其数据类型，如：

```
x=1234;
y="4321";
```

前者说明x为数值型变量，而后者说明y为字符型变量。

5．代码格式不一样

Java是一种与HTML无关的格式，必须通过像HTML中引用外媒体那样进行装载，其代

码以字节代码的形式保存在独立的文档中。
JavaScript的代码是一种文本字符格式，可以
直接嵌入HTML文档中，并且可动态装载。编
写HTML文档就像编辑文本文件一样方便。

6. 对文本和图形进行操作

JavaScript不直接对文本和图形进行操
作，它在Web页面中与HTML元素组合在一起

发挥作用，但它可以控制浏览器，让浏览器直
接对文本和图形进行处理。而Java则可以直接
对文本和图形进行操作。

可以发现，JavaScript与Java虽然都可以
应用于网页设计，但它们的确有太大的区别，
根本就是两种语言。

1.2 在HTML中嵌入JavaScript的方法

JavaScript程序本身不能独立存在，它依附于某个HTML页面，在浏览
器端运行。JavaScript本身作为一种脚本语言可以放在HTML页面中的任何位置，但是浏览器解释
HTML时是按先后顺序的，所以放在前面的程序会被优先执行。

1.2.1 <script/>使用方法

在HTML中输入JavaScript代码时，需要使用<script>标签。在<script>标签中，language特性
声明要使用的脚本语言，language特性一般被设置为JavaScript，不过也可用它声明JavaScript的
确切版本，如JavaScript 1.3。

当浏览器载入网页Body部分的时候，就执行其中的JavaScript语句，执行之后输出的内容就
显示在网页中。

实例代码：

```
<!doctype html>
<html>
<head>
<meta charset="utf-8">
<title>JavaScript语句</title>
</head>
<body>
<script type="text/javascript1.3">
<!--
var gt = unescape('%3e');
var popup = null;
var over = "Launch Pop-up Navigator";
popup = window.open(", 'popupnav', 'width=225,height=235,resizable=1,scrollbars=auto');
if (popup != null) {
if (popup.opener == null) {
popup.opener = self;
}
popup.location.href = 'tan.htm';
}
-->
</script>
</body>
</html>
```

浏览器通常忽略未知标签，因此在使用不支持JavaScript的浏览器阅读网页时，JavaScript代码也会被阅读。<!-- -->里的内容对于不支持JavaScript的浏览器来说就等同于一段注释，而对于支持JavaScript的浏览器，这段代码仍然会执行。

提示

通常JavaScript文件可以使用script标签加载到网页的任何一个地方，但是标准的方式是加载在head标签内。为防止网页加载缓慢，也可以把非关键的JavaScript放到网页底部。

1.2.2 外调脚本文件

如果很多网页都需要包含一段相同的代码，最好的方法是将这个JavaScript程序放到一个后缀名为.js的文本文件里。此后，任何一个需要该功能的网页，只需要引入这个js文件就可以了。

这样做，可以提高JavaScript的复用性，减少代码维护的负担，不必将相同的JavaScript代码拷贝到多个HTML网页里，将来一旦程序有所修改，也只要修改.js文件就可以。

在HTML文件中可以直接输入JavaScript，还可以将脚本文件保存在外部，通过<script>中的src属性指定URL来调用外部脚本语言。外部JavaScript语言的格式非常简单。事实上，它们只包含JavaScript代码的纯文本文件。在外部文件中不需要<script/>标签，引用文件的<script/>标签出现在HTML页中，此时文件的后缀为".js"。

```
<script type="text/javascript" src="URL"></script>
```

通过指定script标签的src属性，就可以使用外部的JavaScript文件了。在运行时，这个js文件的代码全部嵌入到包含它的页面内，页面程序可以自由使用，这样就可以做到代码的复用。

提示

JavaScript文件外部调用的好处如下所述。

◆ 如果浏览器不支持JavaScript，将忽略script标签里面的内容，可以避免使用<!-- ...//-->。

◆ 统一定义JavaScript代码，方便查看，方便维护。

◆ 使代码更安全，可以压缩、加密单个JavaScript文件。

实例代码：

```
<!doctype html>
<html>
<head>
<script src="http://www.baidu.com/common.js"></script>
</head>
<body>
</body>
</html>
```

示例里的common.js其实就是一个文本文件，其内容如下：

```
function clickme()
{
alert("You clicked me!")
}
```

1.2.3 直接位于事件处理部分的代码中

一些简单的脚本可以直接放在事件处理部分的代码中。如下所示，直接将JavaScript代码加入到OnClick事件中。

```
<input type="button"name= "FullScreen" value="全屏显示"
onClick="window.open(document.location, 'big', 'fullscreen=yes')">
```

这里，使用<input/>标签创建一个按钮，单击它时调用onclick()方法。onclick特性声明一个事件处理函数，即响应特定事件的代码。

1.3 第一个JavaScript程序

学习每一门新语言，大致了解了它的背景之后，最想做的莫过于先写一个最简单的程序并成功运行它。

1.3.1 预备知识

常用的信息输出方法是window对象的alert方法，该方法以消息框的形式输出信息。JavaScript程序嵌入HTML文档的常用方式就是将代码放在"<script>"标签对中，代码如下所示。

```
<!doctype html>
<html>                                <!-------HTML文档开始-------->
<head>                                <!-----文档头开始------->
<meta charset="utf-8">                <!------设置文字字体-------->
<title>                               <!------标题开始---------->
</title>                              <!------标题结束-------->
</head>                               <!-----文档头结束------>
<body>                                <!-----文档体开始------->
<script language="JavaScript">        <!-----脚本程序---------->
alert("欢迎进入我的网页");             // JavaScript程序语句
// ......                             // 更多的JavaScript程序语句
</script>                             <!------脚本结束--------->
</body>                               <!----文档体结束-------->
</html>                               <!----HTML文档结束---->
```

<script language="JavaScript">代表JavaScript代码的开始，</script>代表结束。JavaScript代码要放在这个开始与结束里面。alert("欢迎进入我的网页");这句话是一个真正的JavaScript语句，alert代表弹出一个提示框，"欢迎进入我的网页"代表提示框里面的内容。

1.3.2 JavaScript编辑器的选择

JavaScript源程序是文本文件，因此可以使用任何文本编辑器来编写程序源代码，例如Windows操作系统里的"记事本"程序。为了更快速地编写程序并且降低出错的几率，通常会选择一些专业的代码编辑工具。专业的代码编辑器有代码提示和自动完成功能，在这里使用Dreamweaver CC，它是一款很不错的代码编辑器，如图1-1所示。

图1-1　JavaScript代码编辑器

1.3.3 编写Hello World程序

本节编写并运行最经典的入门程序，输出"Hello World!"。打开记事本，输入如下代码，并将文件另存为网页文件helloworld.htm。

```
<!doctype html>
<html>
<head>
<meta charset="utf-8">
<title>JavaScript</title>
</head>
<body>
<script language="javascript">
document.write("<h1>Hello World! </h1>")
</script>
</body>
</html>
```

document.write("<h1>Hello World! </h1>")是JavaScript程序代码, <script

language= "javascript" >和</script>是标准HTML标签,该标签用于在HTML文档中插入脚本程序。其中的language属性指明了<script>标签对间的代码是JavaScript程序。最后调用document对象的write方法将字符串"Hello World!"输出到HTML文本流中。预览程序效果,如图1-2所示。

图1-2 运行程序效果

1.3.4 浏览器对JavaScript的支持

在互联网发展的过程中,几大主要浏览器之间也存在激烈的竞争。JavaScript是Netscape公司的技术,其他浏览器并不能和Navigator一样良好地支持JavaScript,因为得不到使用许可。微软公司为能使其IE浏览器抢占一定市场份额,于是在IE中实现了称为JScript的脚本语言,其兼容JavaScript,但是和JavaScript间仍然存在版本差异。因此,编程人员在编码时仍然需要考虑不同浏览器间的差别。

JavaScript包含一个名为Navigator的对象,它就可以完成上述的任务。Navigator包含了有关访问者浏览器的信息,包括浏览器类型、版本等。下面通过实例讲述,代码如下。

```
<!doctype html>
<html>
<head>
<meta charset="utf-8">
<title>无标题文档</title>
</head>
<body>
<script type="text/javascript">
var browser=navigator.appName
var b_version=navigator.appVersion
var version=parseFloat(b_version)
document.write("Browser name: "+ browser)
document.write("<br />")
document.write("Browser version: "+ version)
</script>
</body>
</html>
```

上面例子中的browser变量存有浏览器的名称，比如Netscape或者Microsoft Internet Explorer。

上面例子中的appVersion属性返回的字符串所包含的信息不止是版本号，但是现在我们只关注版本号。我们使用一个名为parseFloat()的函数会抽取字符串中类似十进制数的一段字符并将之返回，这样我们就可以从字符串中抽出版本号的信息了。

1.4　实战应用——浏览器状态栏显示信息

JavaScript是基于对象和事件驱动并具有相对安全性的客户端脚本语言。同时也是一种广泛用于客户端Web开发的脚本语言。本章主要介绍了JavaScript基础知识，下面讲述一个在浏览器状态栏中显示信息的实例，具体操作步骤如下所述。

（1）使用Dreamweaver CC打开网页文档，如图1-3所示。

（2）在<head>和</ head>之间相应的位置输入以下代码，如图1-4所示。

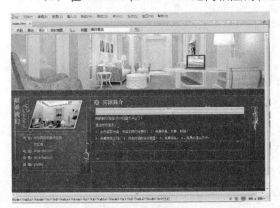

图1-3　打开网页文档

图1-4　输入代码

```
<script language="javascript">
var yourwords1 = "欢迎光临!"; // 定义显示文本1
var yourwords2 = "锦颐假日酒店!"; // 定义显示文本2
var speed = 1500;
var control = true;
function flash()
{
if (control == true)
{
window.status=yourwords1;
control=false;
}
else
{
window.status=yourwords2;
control=true;
}
setTimeout("flash()",speed);
}
</script>
```

（3）在\<body\>标记内输入代码onload=flash()，用于当加载网页文档时调用flash()函数，如图1-5所示。

（4）保存文档，在浏览器中预览效果，文本1和文本2交替出现，如图1-6所示。

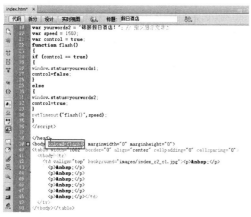

图1-5　输入代码

图1-6　预览效果

1.5　课后练习

1．填空题

（1）JavaScript是一种脚本语言，比HTML要复杂。不过即便不懂编程，也不用担心，因为JavaScript写的程序都是以_____的形式出现的，也就是说在一个网页里看到一段比较好的JavaScript代码，恰好也用得上，就可以直接拷贝，然后将其放到网页中去。

（2）如果很多网页都需要包含一段相同的代码，最好的方法是将这个JavaScript程序放到一个后缀名为_____的文本文件里。

（3）常用的信息输出方法是使用window对象的_____方法，该方法以消息框的形式输出信息。

2．操作题

制作一个简单的JavaScript弹出窗口，如图1-7所示。

图1-7　JavaScript弹出窗口

第2章
HTML基础

本章导读

  HTML是一种网络通用语言，它允许网页制作人建立文本与图片相结合的复杂页面，这些页面可以被网上任何其他人浏览到，一个优秀的网页设计者应该在掌握可视化编辑工具的基础上，进一步熟悉HTML语言以便清除那些垃圾代码，从而达到快速制作高质量网页的目的。这就需要对HTML有个基本的了解，因此具备一定的HTML语言的基本知识是必要的。

技术要点

◎ HTML语言概述
◎ HTML标签
◎ HTML格式标签
◎ HTML文本标签
◎ HTML超链接标签
◎ HTML图像标签
◎ HTML表格标签
◎ HTML框架标签
◎ HTML表单标签

实例展示

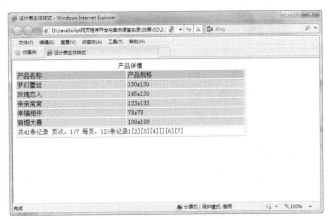

设置表格的表主体的效果

2.1 HTML语言概述

　　Hypertext Markup Language，即超文本链接标示语言。HTML即超文本标记语言，是WWW的描述语言。设计HTML语言的目的是为了能把存放在一台电脑中的文本或图形与另一台电脑中的文本或图形方便地联系在一起，形成有机的整体，人们不用考虑具体信息是在当前电脑上还是在网络的其他电脑上。我们只需使用鼠标在某一文档中选取一个图标，Internet就会马上转到与此图标相关的内容上去，而这些信息可能存放在网络的另一台电脑中。HTML文本是由HTML命令组成的描述性文本，HTML命令可以说明文字、图形、动画、声音、表格、链接等。HTML的结构包括头部（Head）、主体（Body）两大部分，其中头部描述浏览器所需的信息，而主体则包含所要说明的具体内容。

2.1.1　HTML概述

　　上网冲浪（即浏览网页）时，呈现在人们面前的一个个漂亮的页面就是网页，是网络内容的视觉呈现。网页是怎样制作的呢？其实网页的主体是一个用HTML代码创建的文本文件，使用HTML中的相应标签，就可以将文本、图像、动画及音乐等内容包含在网页中，再通过浏览器的解析，多姿多彩的网页内容就呈现出来了。

　　HTML的英文全称是Hyper Text Markup Language，中文通常称作超文本标记语言或超文本标签语言，HTML是Internet上用于编写网页的主要语言，它提供了精简而有力的文件定义，可以设计出多姿多彩的超媒体文件，通过HTTP通讯协议，使得HTML文件可以在全球互联网（World Wide Web）上进行跨平台的文件交换。

1．HTML的特点

　　HTML文档制作简单且功能强大，支持不同数据格式的文件导入，这也是WWW盛行的原因之一，其主要特点如下。

　　（1）HTML文档容易创建，只需一个文本编辑器就可以完成。

　　（2）HTML文件存贮量小，能够尽可能快地在网络环境下传输与显示。

　　（3）平台无关性。HTML独立于操作系统平台，它能对多平台兼容，只需要一个浏览器，就能够在操作系统中浏览网页文件。可以使用在广泛的平台上，这也是WWW盛行的另一个原因。

　　（4）容易学习，不需要很深的编程知识。

　　（5）可扩展性，HTML语言的广泛应用带来了加强功能，增加标识符等要求，HTML采取子类元素的方式，为系统扩展带来保证。

2．HTML的历史

HTML 1.0——1993年6月，互联网工程工作小组（IETF）工作草案发布。

HTML 2.0——1995年11月发布。

HTML 3.2——1996年1月W3C推荐标准。

HTML 4.0——1997年12月W3C推荐标准。

HTML 4.01——1999年12月W3C推荐标准。

HTML 5.0——2008年8月W3C工作草案。

2.1.2 HTML文档结构

HTML的任何标签都由"<"和">"围起来，如<HTML>。在起始标签的标签名前加上符号"/"便是其终止标签，如</HTML>，夹在起始标签和终止标签之间的内容受标签的控制。超文本文档分为头和主体两部分，在文档头部，对文档进行了一些必要的定义，文档主体是要显示的各种文档信息。

基本语法：

```
<html>
<head>网页头部信息</head>
<body>网页主体正文部分</body>
</html>
```

语法说明：

其中<html>在最外层，表示这对标签间的内容是HTML文档，一个HTML文档总是以<html>开始，以</html>结束。<head>之间包括文档的头部信息，如文档标题等，若不需头部信息则可省略此标签。<body>标签一般不能省略，用于表示正文内容的开始。

下面就以一个简单的HTML文件为例来熟悉HTML文件的结构。

实例代码

```
<!doctype html>
<html >
<head>
<meta charset="utf-8">
<title>HTML文档结构</title>
</head>
<body>
<p>HTML文档结构</p>
</body>
</html>
```

这一段代码是由HTML中最基本的几个标签所组成的，运行代码并在浏览器中预览效果，如图2-1所示。

图2-1　HTML文件结构

- HTML文件就是一个文本文件。文本文件的后缀名是.txt，而HTML的后缀名是.html。
- <!doctype html>代表文档类型。
- HTML文档中，第一个标签是<html>，这个标签告诉浏览器这是HTML文档的开始。
- HTML文档的最后一个标签是</html>，这个标签告诉浏览器这是HTML文档的终止。
- UTF-8：如果你的页面全是简体中文，可以写成GB2312，但是一般使用UTF-8 字符集保险点，因为不能保证任何浏览页面的人的计算机都是安装的简体中文版的操作系统，所以为了通用起见还是用UTF-8。
- 在<head>和</head>标签之间的文本是头信息，在浏览器窗口中，头信息是不被显示在页面上的。
- 在<title>和</title>标签之间的文本是文档标题，它被显示在浏览器窗口的标题栏。
- 在<body>和</body>标签之间的文本是正文，会被显示在浏览器中。
- 在<p>和</p>标签代表段落。

2.2 HTML标签

编写HTML文件时，必须遵循一定的语法规则。一个完整的HTML文件由标题、段落、表格和文本等各种嵌入的对象组成，这些对象统称为元素。HTML使用标签来分隔并描述这些元素，整个HTML文件其实就是由元素与标签组成的。

2.2.1 课堂小实例——头部标签\<head\>…\</head\>

\<head\>标签用于定义文档的头部，它是所有头部元素的容器。\<head\>中的元素可以引用脚本、指示浏览器在哪里找到样式表、提供元信息等。文档的头部描述了文档的各种属性和信息，包括文档的标题、在Web中的位置以及和其他文档的关系等。绝大多数文档头部包含的数据都不会真正作为内容显示给读者。

基本语法：

```
<head>……</head>
```

语法说明：

定义在HTML语言头部的内容都不会在网页上直接显示，而是通过另外的方式起作用。

实例代码：

```
<!doctype html>
<html>
<head>
<meta charset="utf-8">
<title>文档头</title>
</head>
<body>
文档正文
</body>
```

HTML也有多个不同的版本，只有完全明白页面中使用的确切HTML版本，浏览器才能完全正确地显示出HTML页面。这就是\<!doctype \>的用处。

\<! doctype E\>不是HTML标签。它为浏览器提供一项信息（声明），即HTML是用什么版本编写的。

实例代码：

```
<!doctype html>
```

\<! doctype \>声明位于文档中的最前面的位置，处于\<html\>标签之前。此标签可告知浏览器文档使用哪种HTML或XHTML规范。

2.2.2 课堂小实例——标题标签\<title\>…\</title\>

\<title\>元素可定义文档的标题。浏览器会以特殊的方式来使用标题，并且通常把它放置在浏览器窗口的标题栏或状态栏上。同样，当把文档加入用户的链接列表或者收藏夹或书签列表时，标题将成为该文档链接的默认名称。

在网页中设置网页的标题，只要在HTML文件的头部文件的\<title\>\</title\>中输入标题信息就可以在浏览器上显示。标题标记以\<title\>开始，以\</title\>结束。

基本语法：

```
<head>
<title>……</title>
……</head>
```

语法说明：

页面的标题只有一个，它位于HTML文档的头部，即在\<head\>和\</head\>之间。

实例代码：

```
<!doctype html>
<html>
<head>
<meta charset="utf-8">
<title>新天地搬家公司</title>
</head>
<body>
</body>
</html>
```

在代码中加粗部分的代码标记"<title>新天地搬家公司</title>"为设置网页的标题，在浏览器中预览效果，可以在浏览器标题栏上看到网页的标题，如图2-2所示。

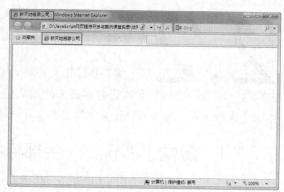

> **提 示**
>
> 了解了网站标题的重要性之后，下面看下如何来设置网站标题。首先应该明确网站的定位，希望对哪类词感兴趣的用户能够通过搜索引擎来到我们的站点，在经过关键字调研之后，选择几个能带来不菲流量的关键字，然后把最具代表性的关键字放在title的最前面。

图2-2 页面标题

2.2.3 课堂小实例——索引标签<isindex>

索引标记元素告知Web浏览器该页面是一个可检索的索引文档。该索引文档是一种交互式的页面，允许用户输入检索规则以检索数据库，要求你所用的Web服务器能提供检索机制。如果服务器不提供检索机制，必须自己创建交互式页面，读入关键字，检索数据库，并且将检索结果显示给用户。

语法说明：

Common：一般属性。

prompt：提交输入框说明文字。

实例代码：

```html
<!doctype html>
<html>
<head>
<meta charset="utf-8">
<title>无标题文档</title>
</head>
<body>
<isindex prompt="search from dreamdu">
</body>
</html>
```

2.2.4 主体标签<body>…</body>

<body>和</body>之间的内容为HTML页面的主体内容，也就是需要显示的内容。HTML文档的所有内容应该全部放在此标签中，比如浏览器所能表现的文字、图像、链接等。<body>标签有自己的属性，设置 <body>标签内的属性，可控制整个页面的显示方式。

实例代码：

```html
<!doctype html>
<html>
<head>
<meta charset="utf-8">
<title>主体标签</title>
</head>
<body>
<p>body是主体标签</p>
<p>title元素是浏览器的标题</p>
</body>
</html>
```

2.2.5　课堂小实例——特殊字符

在网页中除了可以输入汉字、英文和其他语言外，还可以输入一些空格和特殊字符，如¥、$、◎、#等。

基本语法

&……©

语法说明：

在需要添加特殊符号的地方添加相应的符号代码即可。常用符号及其对应代码如表2-1所示。

表2-1　常用符号及对应代码

特殊符号	符号的代码
"	&quot;
&	&amp;
<	&lt;
>	&gt;
×	&times;
§	&sect;
©	&copy;
®	&reg;
™	&trade;

在Dreamweaver中编写特殊字符的代码的具体操作步骤如下。

（1）打开Dreamweaver CC软件，新建空白文档，在body中输入代码"<p>特殊字符版权符号®</p>"，用以显示版权符号，如图2-3所示。

（2）在版权符号后面输入代码"<p>注册商标符号®</p>"，用以显示注册商标符号，效果如图2-4所示。

图2-3　版权符号

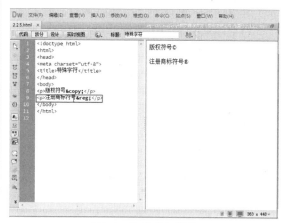

图2-4　注册商标符号

2.3　HTML格式标签

在网页制作的过程中，将一段文字分成相应的段落，不仅可以增加网页的美观性，而且使网页层次分明，让浏览者感觉不到拥挤，在网页中如果要把文字有条理地显示出来，离不开段落标记的使用。在HTML中可以通过标记实现段落的效果。

2.3.1　课堂小实例——段落标签<p>

为了排列的整齐、清晰，在文字文段之间，常用<P></P>来做标记。文件段落的开始由<P>来标记，段落的结束由</P>来标记，</P>是可以省略的，因为下一个<P>的开始就意味着上一个<P>的结束。

基本语法：

<p>段落文字<p>

语法说明：

段落标记可以没有结束标记</p>，而每一个新的段落标记开始的同时也意味着上一个段落的结束。

实例代码：

```
<!doctype html>
<html>
<head>
<meta charset="utf-8">
<title>无标题文档</title>
</head>
<body>
登鹳雀楼<P>白日依山尽，<br>黄河入海流。
<br>欲穷千里目，<br>更上一层楼。</P>
</body>
</html>
```

在代码中加粗部分的代码标记<p>为段落标记，<p>和</p>之间的文本是一个段落，效果如图2-5所示。

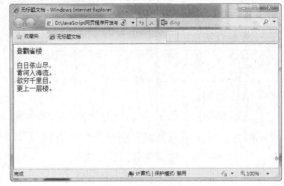

图2-5　段落效果

2.3.2　课堂小实例——换行标签

在HTML文本显示中，默认是将一行文字连续地显示出来，如果想把一个句子后面的内容在下一行显示就会用到换行符
。换行符号标签是个单标签，也叫空标签，不包含任何内容，在HTML文件中的任何位置只要使用了
标签，当文件显示在浏览器中时，该标签之后的内容将在下一行显示。

基本语法：

```
<br>
```

语法说明：

一个
标记代表一个换行，连续的多个标记可以实现多次换行。

实例代码：

```
<!doctype html>
<html>
<head>
<meta charset="utf-8">
<title>无标题文档</title>
</head>
<body>
"孩子做事拖沓，家长该怎么办"。<br>当孩子
表现出拖拉的行为时，家长需要及时指出来；<br>
而每当孩子表现出动作迅速、"当日事当日毕"时，家
长需要及时地给予肯定和表扬，强化孩子的好习惯。
</body>
</html>
```

在代码中加粗部分的代码标记
为设置换行标记，在浏览器中预览，可以看到换行的效果，如图2-6所示。

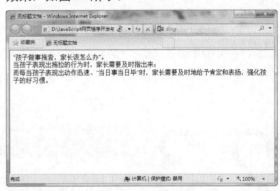

图2-6　换行效果

提示

是唯一可以为文字分行的方法。其他标记如<p>，可以为文字分段。

2.3.3　课堂小实例——缩进标签<blockquote>

<blockquote>…</blockquote>标签对为缩进标签，在浏览器中显示向右缩进的文字。在标签对之间加入的文本将会在浏览器中显示的效果与在普通的文本中使用Tab键进行缩进的效果一样。

基本语法：

```
<blockquote>要缩排的文字</blockquote>
```

语法说明：

<blockquote>与</blockquote> 之间的所有文本都会从常规文本中分离出来，经常会在左、右两边进行缩进（增加外边距），而且有时会使用斜体。也就是说，块引用拥有它们自己的空间。

实例代码：

```
<!doctype html>
<html>
<head>
<meta charset="utf-8">
<title>无标题文档</title>
</head>
<body>
<blockquote>
<p>生命的年轮已将我带进了人生的金秋。人到中年，心灵少了几分躁动，多了几分宁静。幼稚的梦境，昨天的辉煌，纵然过去却也从容淡静，因为这些已经雕刻在美好的记忆之中，会伴随并丰富着今生。</p>
</blockquote>
</body>
</html>
```

在代码中加粗部分的代码标记<p>为段落标记，<p>和</p>之间的文本是一个段落，效果如图2-7所示。

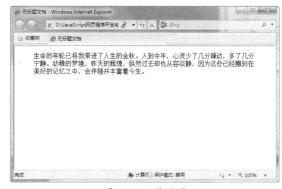

图2-7　段落效果

2.3.4 课堂小实例——预格式化标签<pre>

在HTML文档中，有时候设计者需要按照自己的格式编写源文件，并且希望在浏览器中显示的格式和编辑时的格式相同。<pre>…</pre>标签对可以完整保留设计者在源文件中所定义的格式，包括各种空格、缩进，以及其他特殊格式，全都原封不动地反映在浏览器页面上。

基本语法：

```
<pre>内联元素</pre>
```

语法说明：

pre是Preformatted text（预格式化文本）的缩写。使用此标签可以把代码中的空格和换行直接显示到页面上。但是<、>和&等特殊文字需要用<、>和&的方式记述。

实例代码：

```
<!doctype html>
<html>
<head>
<meta charset="utf-8">
<title>无标题文档</title>
</head>
<body>
<pre>
if (xx &gt; 5) {
    print "比5大! \n";
}
</pre>
</body>
</html>
```

在代码中加粗部分的代码标记pre为段落标记，<pre>和</pre>之间代码是一个函数，效果如图2-8所示。

图2-8　预格式化标签

2.4 HTML文本标签

HTML 的文本相关标签文本是网页不可缺少的元素之一，是网页发布信息所采用的主要形式。为了让网页中的文本看上去编排有序、整齐美观、错落有致，我们就要设置文本的大小、颜色、字体类型以及换行换段等。

2.4.1　课堂小实例——标题标签

标题能分隔大段文字，概括下文内容，根据逻辑结构安排信息。标题具有吸引读者的提示作用，而且表明了文章的内容，读者会根据标题决定是否阅读此文章。标题的重要性由此可见一斑。HTML提供了六级标题，<H1>为最大，<H6>为最小。用户只需定义从H1到H6中的一种大小，浏览器将负责显示过程。

实例代码：

```
<!doctype html>
<html>
<head>
<meta charset="utf-8">
<title>无标题文档</title>
</head>
<body>
<H1>一级标题</H1>
<H2>二级标题</H2>
<H3>三级标题</H3>
```

```
<H4>四级标题</H4>
<H5>五级标题</H5>
<H6>六级标题</H6>
</body>
</html>
```

在代码中加粗部分的代码标记为标题标签，预览效果如图2-9所示。

图2-9　标题标签

2.4.2 课堂小实例——<Font>标签

<Font>标签用于控制网页上文本的显示外观。文本大小、字体类型和颜色等属性都可使用<Font>标签指定。

基本语法:

```
<Font size="+2" color="red" face="隶书">    文本内容 </FONT>
```

语法说明:

size属性用来设置文字的大小,可以为文字指定的大小范围为1～7。最大为7,最小为1。也可以使用一个默认的文字大小,然后相对于该默认大小指定后续文字的大小。例如:size默认文字的大小为3,则size=+4将使大小增加到7,size=-1将使大小减小到2。color属性用于指定字体的颜色,可以指定颜色名称或十六进制数值。face属性用于指定字体的类型。

实例代码:

```
<!doctype html>
<html>
<head>
<meta charset="utf-8">
<title>无标题文档</title>
</head>
<body>
<font size="3" color="red">红色3号字体文本!</font>
<font size="2" color="blue">蓝色2号字体文本!</font>
<font face="verdana" color="green">绿色verdana文本!</font>
</body>
</html>
```

在代码中加粗部分的代码标记font为字体标记,设置文本大小和颜色,效果如图2-10所示。

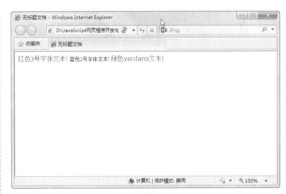

图2-10 字体标记

2.4.3 课堂小实例——字体大小标签font-size

文字的大小也是字体的重要属性之一。除了使用标题文字标记设置固定大小的字号之外,HTML语言还提供了<font>标记的size属性来设置普通文字的字号。

基本语法:

```
<font size="文字字号">......</font>
```

语法说明：

size属性用来设置文字的大小，它有绝对和相对两种方式。size属性有1到7个等级，1级最小，7级的字号最大，默认的文字大小是3号字。可以使用"size=?"定义文字的大小。

实例代码：

```
<!doctype html>
<html>
<head>
<meta charset="utf-8">
<title>无标题文档</title>
</head>
<body>
<p><font size="3">人生真正的幸福快乐，起始于心灵深处的憧憬，</font></p>
<p><font size="5">根源于勤劳双手的缔造，心简单，世界就简单，</font></p>
<p><font size="7">守望幸福，笑迎明天。</font></p>
</body>
</html>
```

在代码中加粗部分的标记是设置文字的字号，在浏览器中预览效果，如图2-11所示。

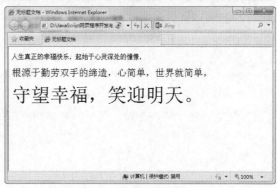

图2-11 设置文字的字号

2.5 HTML超链接标签

超链接的范围很广泛，利用它不仅可以进行网页间的相互链接，还可以使网页链接到相关的图像文件、多媒体文件及下载程序等。

2.5.1 属性href

链接标记<a>在HTML中既可以作为一个跳转其他页面的链接，也可以作为"埋设"在文档中某处的一个"锚定位"，<a>也是一个行内元素，它可以成对出现在一段文档的任何位置。

基本语法：

```
<a href="链接目标">链接显示文本</a>
```

语法说明：

在该语法中，<a>标记的属性值如表2-2所示。

表2-2 <a>标记的属性值

属　　性	说　　明
href	指定链接地址
name	给链接命名
title	给链接添加提示文字
target	指定链接的目标窗口

实例代码：

```
<!doctype html>
<html>
<head>
<meta charset="utf-8">
<title>属性href</title>
</head>
<body>
<p><a href="1">1、浅浅九月 花落成伤</a></p>
<p><a href="2">2、相思渡头 泊着我依旧的等待</a></p>
<p><a href="3">3、守护着你的爱，一直到永远</a></p>
<p><a href="4">4、我相信我们对彼此的需要</a></p>
<p><a href="5">5、思你，念你，风雨中</a></p>
</body>
</html>
```

在代码中加粗部分的代码标记为设置文档中的超链接，在浏览器中预览可以看到链接效果，如图2-12所示。我们在淘宝网站上看到的都是超文本链接效果，如图2-13所示。

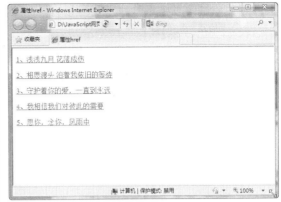

图2-12 超链接效果

图2-13 超链接网页

2.5.2 属性target

在创建网页的过程中，默认情况下超链接在原来的浏览器窗口中打开，可以使用target属性来控制打开的目标窗口。

基本语法：

```
<a href="链接目标" target="目标窗口的打开方式">
```

语法说明：

在该语法中，target参数的取值有4种，如表2-3所示。

表2-3 target参数的取值

属 性 值	含 义
-self	在当前页面中打开链接
-blank	在一个全新的空白窗口中打开链接
-top	在顶层框架中打开链接，也可以理解为在根框架中打开链接
-parent	在当前框架的上一层里打开链接

实例代码：

```
<!doctype html>
<html>
<head>
<meta charset="utf-8">
<title>属性target</title>
</head>
<body>
<p><a href="zhengwen.html" target="_blank">1、浅浅九月 花落成伤</a></p>
<p><a href="2">2、相思渡头 泊着我依旧的等待</a></p>
<p><a href="3">3、守护着你的爱，一直到永远</a></p>
<p><a href="4">4、我相信我们对彼此的需要</a></p>
<p><a href="5">5、思你，念你，风雨中</a></p>
</body>
</html>
```

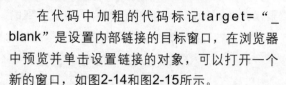

在代码中加粗的代码标记target="_blank"是设置内部链接的目标窗口，在浏览器中预览并单击设置链接的对象，可以打开一个新的窗口，如图2-14和图2-15所示。

图2-14　设置链接目标窗口

图2-15　打开的目标窗口

2.5.3　属性title

title属性规定关于元素的额外信息。这些信息通常会在鼠标移到元素上时显示一段工具提示文本（tooltip text）。title属性有一个很好的用途，即为链接添加描述性文字，特别是当链接本身并不是十分清楚地表达了链接的目的。这样就使得访问者知道那些链接将会带他

们到什么地方，他们就不会加载一个可能完全不感兴趣的页面。

基本语法：

```
<element title="value">
```

语法说明：
规定元素的工具提示文本。

实例代码：

```
<!doctype html>
<html>
<head>
<meta charset="utf-8">
<title>无标题文档</title>
</head>
<body>
<a href="http://www.baidu.cn" title="百度的中文站点">百度网站</a>
</body>
</html>
```

在代码中加粗部分的标记可以让鼠标悬停在超链接上的时候，显示该超链接的文字注释，在浏览器中预览效果，如图2-16所示。

图2-16　设置描述性文字

2.5.4　课堂小实例——链接到E-mail地址

在网页上创建E-mail链接，可以使浏览者能够快速反馈自己的意见。当浏览者单击E-mail链接时，可以立即打开浏览器默认的E-mail处理程序，收件人邮件地址被E-mail超链接中指定的地址自动更新，无须浏览者输入。

基本语法：

```
<a href="mailto:电子邮件地址">链接内容</a>
```

语法说明：
在该语法中，电子邮件地址后面还可以增加一些参数，见表2-4所示。

表2-4 邮件的参数

属 性 值	说 明	语 法
cc	抄送收件人	<a href= "mailto:电子邮件地址?cc=电子邮件地址">链接内容</a>
subject	电子邮件主题	<a href= "mailto:电子邮件地址?subject=主题文字">链接内容</a>
bcc	暗送收件人	<a href= "mailto:电子邮件地址?bcc=电子邮件地址">链接内容</a>
body	电子邮件内容	<a href= "mailto:电子邮件地址?body=邮件内容">链接内容</a>

实例代码：

```
<!doctype html>
<html>
<head>
<meta charset="utf-8">
<title>无标题文档</title>
</head>
<body>
<tr>
<td valign=bottom height=35>
<a href="mailto: sdwdd@163.com">电
子邮件连接</a>
</td>
</tr>
</body>
</html>
```

图2-17 创建E-mail链接

图2-18 发送电子邮件

在代码中加粗的代码标记<a href= "mailto:mailto: sdwdd@163.com">用于创建 E-mail链接，在浏览器中浏览效果，如图2-17所示。当单击链接文字"电子邮件连接"时，会打开默认的电子邮件软件Outlook Express，如图2-18所示。

2.6 HTML图像标签

在HTML页面中可以插入图像，并设置图像属性。图像可以使网页更加生动美观。浏览器可以显示JPEG和GIF图像，在HTML文档中插入图像是通过< img >标签来实现的。

2.6.1 课堂小实例——属性img

引用图像必须使用<img>标记，<img>标记包含src属性。src的属性值是所引用图像的URL地址，该地址既可以是绝对地址，也可以是相对地址。

有了图像文件后，就可以使用img标记将图像插入到网页中，从而达到美化网页的效果。img元素的相关属性如表2-5所示。

23

表2-5　img元素的相关属性

属　性	描　述
src	图像的源文件
alt	提示文字
width，height	宽度和高度
border	边框
vspace	垂直间距
hspace	水平间距
align	排列
dynsrc	设定avi文件的播放
loop	设定avi文件循环播放次数
loopdelay	设定avi文件循环播放延迟
start	设定avi文件播放方式
lowsrc	设定低分辨率图片
usemap	映像地图

基本语法：

```
<img src="图像文件的地址">
```

语法说明：

在语法中，src参数用来设置图像文件所在的路径，这一路径可以是相对路径，也可以是绝对路径。

在代码中加粗的代码标记是在页面中插入一幅图像，在浏览器中预览效果，如图2-19所示。

2.6.2　课堂小实例——属性alt

alt属性是一个用于网页语言HTML和XHTML、为输出纯文字的参数属性。它的作用是当HTML元素本身的物件无法被渲染时，就显示alt（替换）文字作为一种补救措施。

基本语法：

```
<img src="图像文件的地址" alt="提示文字的内容" >
```

语法说明：

alt属性的值是一个最多可以包含1024个字符的字符串，其中包括空格和标点。这个字符串必须包含在引号中。这段alt文本可以包含对特殊字符的实体引用，但它不允许包含其他类别的标记，尤其是不允许有任何样式标签。

实例代码：

```
<!doctype html>
<html>
<head>
<meta charset="utf-8">
<title>无标题文档</title>
</head>
<body>
<img src="1.jpg">
</body>
</html>
```

图2-19 插入图像

实例代码：

```
<!doctype html>
<html>
<head>
<meta charset="utf-8">
<title>无标题文档</title>
</head>
<body>
<img src="1.jpg"  alt="纯天然环保天丝" />
</body>
</html>
```

在代码中加粗的代码标记是当用户把鼠标移到图像上方，当图像正常显示时，如图2-20所示。如果图片不正确时则显示替代文本，在浏览器中预览效果，如图2-21所示。

图2-20　图片正常显示

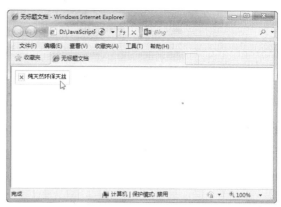

图2-21　图片不正常显示替代文本

2.6.3　课堂小实例——属性height和width

height属性用来定义图片的高度，如果\<img>元素不定义高度，图片就会按照它的原始尺寸显示。

基本语法：

```
<img src="图像文件的地址" height="图像的高度">
```

语法说明：

在该语法中，height用于设置图像的高度。

实例代码：

```
<!doctype html>
<html>
<head>
<meta charset="utf-8">
<title>无标题文档</title>
</head>
<body>
<img src="2.jpg" width="372" height="326" />
<img src="2.jpg" width="372" height="188" />
</body>
</html>
```

在代码中加粗部分的第1行标记是使用height=“326”设置图像高度为326，而第2行标记是使用height=“188”来调整图像的高度为188，在浏览器中预览可以看到调整图像的高度，如图2-22所示。

基本语法：

```
<img src="图像文件的地址" width="图像的宽度">
```

语法说明：

在该语法中，width用于设置图像的宽度。

提示

尽量不要通过height和width属性来缩放图像。如果通过height和width属性来缩小图像，那么用户就必须下载大容量的图像（即使图像在页面上看上去很小）。正确的做法是在网页上使用图像之前，应该通过软件把图像处理到合适的尺寸。

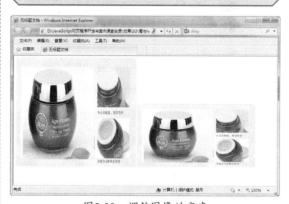

图2-22　调整图像的高度

width属性用来定义图片的宽度，如果\<img>元素不定义宽度，图片就会按照它的原始尺寸显示。

实例代码：

```
<!doctype html>
<html>
<head>
<meta charset="utf-8">
<title>无标题文档</title>
</head>
<body>
<img src="2.jpg" width="450"
height="384" />
<img src="2.jpg" width="250"
height="384" />
</body>
</html>
```

在代码中加粗部分的第1行标记是使用width="450"设置图像宽度为450，而第2行标记是使用width="250"调整图像的宽度为250，在浏览器中预览可以看到调整图像的宽度，如图2-23所示。

图2-23　调整图像的宽度

2.6.4　课堂小实例——属性align

<img>标签的align属性定义了图像相对于周围元素的水平和垂直对齐方式。

基本语法：

```
<img src="图像文件的地址" align="对齐方式">
```

语法说明：

可以通过<img>标签的align属性来控制带有文字包围的图像的对齐方式。HTML和XHTML标准指定了5种图像对齐属性值：left、right、top、middle和bottom。align的取值如表2-6所示。

表2-6　align的取值

属　性	描　述
bottom	把图像与底部对齐
top	把图像与顶部对齐
middle	把图像与中央对齐
left	把图像对齐到左边
right	把图像对齐到右边

实例代码：

```
<!doctype html>
<html>
<head>
<meta charset="utf-8">
<title>无标题文档</title>
</head>
<body>
展一抹笑靥，暖一世薄凉，拢一季花香，淡一缕情愁，捧一路幸福，微笑于明媚红尘。——香雪若兰<img
src="4.jpg" width="200" height="150" hspace="40" align="right"><br>
<br>
微笑是我们生活中不可缺少的元素。<br>
<br>
它如一抹阳光，缓缓暖心；如一股清泉，轻轻润心；如一杯佳酿，久久醉心；如一盏香茶，慢慢染心；
亦如一首曼妙的诗篇，渺渺于红尘，给多彩的世界点缀了几抹嫣然，给沧桑的岁月平添了几许明媚。浅浅的微
笑，真是又优又雅，在人生路上，唯美了一程又一程的山水，妩媚了一季又一季的风景。<br>
```

```
<br>
微笑如一缕春风，以最完美的舞姿，赠与我们的亲人、友人和爱人。微笑如一朵幽兰，以最宁静的柔
美，赋予我们的生命，淡雅而不浮华，清香却不失浓烈，以它一种独特的魅力，传递着温暖，播种着幸福，
收获着生命中一次又一次的感动。<br>
</body>
</html>
```

在代码中加粗部分的标记align="right"是为图像设置对齐方式，在浏览器中预览效果，可以看出图像是右对齐的，如图2-24所示。

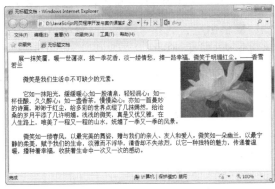

图2-24　对图像设置对齐方式

2.6.5　课堂小实例——属性border

默认情况下，图像是没有边框的，使用img标记符的border属性，可以定义图像周围的边框。

基本语法：

```
<img src="图像文件的地址" border="图像边框的宽度">
```

语法说明：

在该语法中，border的单位是像素，其值越大则边框越宽。HTML4.01不推荐使用图像的border属性，但是所有主流浏览器均支持该属性。

实例代码：

```
<!doctype html>
<html>
<head>
<meta charset="utf-8">
<title>无标题文档</title>
</head>
<body>
<img src="3.jpg" width="478" height="347" >
  <img src="3.jpg" width="478"
height="347" border="5">
</body>
</html>
```

在代码中加粗部分的标记第1行为没有为图像添加边框，第2行是使用border="5"为图像添加边框，在浏览器中预览，可以看到添加的边框效果为5像素，如图2-25所示。

图2-25　添加图像边框效果

2.7　HTML表格标签

表格由行、列和单元格3部分组成。使用表格可以排列页面中的文本、图像以及各种对象。行贯穿表格的左右，列则是上下方式的，单元格是行和列交汇的部分，它是输入信息的地方。

2.7.1　课堂小实例——表格标签<table>…</table>

表格由行、列和单元格3部分组成，一般通过3个标记来创建，分别是表格标记table、行标记tr和单元格标记td。表格的各种属性都要在表格的开始标记<table>和表格的结束标记</table>之间才有效。

基本语法：

```
<table>
<tr>
<td>单元格内的文字</td>
<td>单元格内的文字</td>
</tr>
<tr>
<td>单元格内的文字</td>
<td>单元格内的文字</td>
</tr>
</table>
```

语法说明：

<table>标签定义HTML表格。简单的HTML表格由table元素以及一个或多个tr、th或td元素组成。tr元素定义表格行，th元素定义表头，td元素定义表格单元。

在代码中加粗部分的代码标记是表格的基本构成，在浏览器中预览，可以看到在网页中添加了一个2行2列的表格，如图2-26所示。

实例代码：

```
<!doctype html>
<html>
<head>
<meta charset="utf-8">
<title>无标题文档</title>
</head>
<body>
<table border="1">
  <tr>
    <th>语文</th>
    <th>数学</th>
  </tr>
  <tr>
    <td>90</td>
    <td>100</td>
  </tr>
</table>
</body>
</html>
```

图2-26　表格效果

2.7.2　课堂小实例——表头标签<th>…</th>

<th>标签就是Table Heading，意思是表格标题。<th>标签在使用时，跟<th>标签没有什么区别，如果非要说有点区别的话，那就是<th>一般只用在第一个<th>下。在浏览器中显示时，<th>标签被显示为加粗的字体，其他的跟普通的< td>也没有区别

基本语法：

```
<table >
<tr>
<th>……</th>
……
</tr>
</table>
```

语法说明：

（1）<th>：表示头标记，包含在<tr>标记中。

（2）在表格中，只要把标记<td>改为<th>就可以实现表格的表头。

实例代码：

```
<!doctype html>
<html>
<head>
<meta charset="utf-8">
<title>无标题文档</title>
</head>
<body>
<table>
<tr>
<th>水果名称</th>
<th>单价</th>
```

```
</tr>
<tr>
<td>香蕉</td>
<td>5元</td>
</tr>
<tr>
<td>西瓜</td>
<td>1元</td>
</tr>
</table>
</body>
</html>
```

在代码中加粗部分的代码标记为设置表格的表头，在浏览器中预览，可以看到表格的表头效果，如图2-27所示。

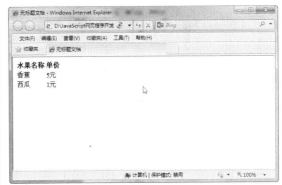

图2-27　表格的表头效果

2.7.3 课堂小实例——说明标签<caption>…</caption>

caption元素定义表格标题。caption标签必须紧随在table标签之后。只能对每个表格定义一个标题。通常这个标题会被居中于表格之上。

在代码中加粗部分的标记为设置表格的标题为"按键开关资料表"，在浏览器中预览，可以看到表格的标题，如图2-28所示。

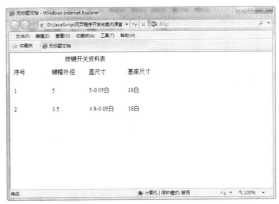

图2-28　表格的标题

基本语法：

```
<caption>表格的标题</caption>
```

实例代码：

```
<!doctype html>
<html>
<head>
<meta charset="utf-8">
<title>无标题文档</title>
</head>
<body>
<table width="399" height="150">
 <caption>
  按键开关资料表
 </caption>
 <tr>
   <td width="98">序号</td>
   <td width="95">键帽外径</td>
   <td width="101">盖尺寸</td>
   <td width="77">基座尺寸</td>
 </tr>
 <tr>
   <td>1</td>
   <td>5</td>
   <td>5-0.05白</td>
   <td>18白</td>
 </tr>
 <tr>
   <td>2</td>
   <td>3.5</td>
   <td>4.9-0.05白</td>
   <td>18白</td>
 </tr>
</table>
</body>
</html>
```

2.8 HTML框架标签

　　框架技术可以将浏览器分割成多个小窗口，并且在每个小窗口中，可以显示不同的网页，这样我们就可以很方便地在浏览器中浏览不同的网页效果。

2.8.1　框架集标签<frameset>…</frameset>

　　frameset元素可定义一个框架集。它被用来组织多个窗口（框架）。每个框架存有独立的文档。在其最简单的应用中，frameset元素仅仅会规定在框架集中存在多少列或多少行。必须配合使用cols或rows属性。

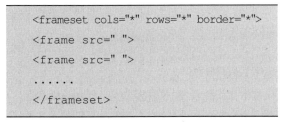

基本语法：

```
<frameset cols="*" rows="*" border="*">
<frame src=" ">
<frame src=" ">
······
</frameset>
```

rows属性用来规定主文档中有几行框架窗口及各个框架窗口的大小。

cols属性用来规定主文档中有几列框架窗口及各个框架窗口的大小。

属性值可以是百分数、绝对像素值。或者星号（*）的组合，取值的个数说明了行和列的个数，（*）代表那些未被说明的空间，如果同一个属性中出现多个星号（*），则将剩下的未被说明的空间平均分配，每个值之间用逗号隔开。

实例代码：

```
<!doctype html>
<html>
<head>
<meta charset="utf-8">
<title>无标题文档</title>
</head>
<frameset cols="25%,50%,25%">
    <frame src="frame_a.htm" />
    <frame src="frame_b.htm" />
    <frame src="frame_c.htm" />
</frameset>
<body>
</body>
</html>
```

在代码中加粗部分的标记为设置三框架页面，在浏览器中预览，如图2-29所示。

图2-29 三框架页面

2.8.2 标签<noframes>

当别人使用的浏览器太旧，不支持框架这个功能时，就会看到的一片空白。为了避免这种情况发生，可使用<nofames>这个标记，当使用者的浏览器看不到框架时，就会看到<nofames>与</nofames>之间的内容，而不是一片空白。这些内容可以是提醒浏览者转用新的浏览器的字句，甚至是一个没有框架的网页或能自动切换至没有框架的版本即可。

基本语法：

```
<noframes>
</noframes>
```

语法说明：

noframes可为那些不支持框架的浏览器显示文本。如果希望frameset添加<noframes>标签，就必须把其中的文本包装在<body>与</body>的标签中。

实例代码：

```
<!doctype html>
<html>
<head>
<meta charset="utf-8">
<title>无标题文档</title>
</head>
<meta http-equiv="Content-Type"
content="text/html; charset=gb2312"  />
    <title>不支持框架</title>
    </head>
    <frameset rows="*" cols="209,*"
framespacing="1" frameborder="yes"
border="1">
    <frame src="left.html"
name="leftframe" scrolling="yes">
    <frame src="right.html"
name="mainframe">
    </frameset>
    <noframes>
    很抱歉，您使用的浏览器不支持框架功能，请转用新的浏览器！
    </noframes>
    </html>
```

在代码中加粗部分的代码标记为设置不支持框架标记，若浏览器支持框架，那么它不会理会<noframes>中的东西，但若浏览器不支持该框架，由于不认识所有框架标记，不明的标记会被略过，标记包围的东西便会被解读出来，所以放在<noframes>范围内的文字会被显示。

2.8.3 浮动窗口标签<iframe>…</iframe>

<iframe>标签称为浮动窗口标签。<iframe>和</iframe>标签不需要放在<frameset>和</frameset>标签之间，它的作用是在一个网页中间插入一个简单的框架窗口，在这个框架窗口中可以显示另外一个文件，这样就能够实现一种"画中画"的效果。在<iframe>和</iframe>标签对中放入的文本只有在浏览器不支持<iframe>标签时才会显示，给用户一个提示信息。

基本语法：

```
<iframe src="url"></iframe>
```

语法说明：

Src="" 当前框架所链接的页面地址。

实例代码：

```
<TD vAlign=top>
<iframe width="600" height="400"
src="fudong.html">
</iframe></TD>
```

图2-30 设置浮动框架的源文件

在代码标记<iframe width="600" height="400" src="fudong.html">为设置浮动框架的源文件，在浏览器中预览效果，如图2-30所示。

2.8.4 框架的frameborder设置

在浮动框架页面中，可以使用frameborder设置显示框架的边框。

基本语法：

```
<iframe src="浮动框架的源文件"
frameborder="是否显示框架边框"></iframe>
```

语法说明：

frameborder只能取0和1，或yes和no。0和no表示边框不显示，1和yes为默认取值，表示显示边框。

实例代码：

```
<TD vAlign=top>
<iframe width="600" height="400"
src="fudong.html" scrolling="yes"
frameborder="1" style="border:double" >
</iframe></TD>
```

在代码中标记frameborder="1"为设置浮动框架的边框，style="border:double"为设置边框为双边框，在浏览器中预览效果，如图2-31所示。

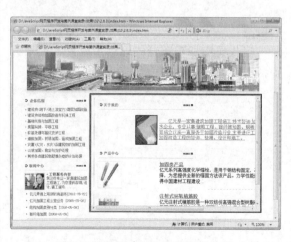

图2-31 设置浮动框架边框的效果

2.9 HTML表单标签

在网页中<form></form>标记对用来创建一个表单，即定义表单的开始和结束位置，在标记对之间的一切都属于表单的内容。在表单的<form>标记中，可以设置表单的基本属性，包括表单的名称、处理程序和传送方法等。一般情况下，表单的处理程序action和传送方法method是必不可少的参数。

2.9.1 课堂小实例——表单标签<form>…</from>

在浮动框架页面中，可以使用frameborder设置显示框架边框。

基本语法：

```
<Form name="Form__name">
......
</Form>
```

语法说明：

通过为表单命名可以控制表单与后台程序之间的关系。

实例代码：

```
<!doctype html>
<html>
<head>
<meta charset="utf-8">
<title>无标题文档</title>
</head>
<body>
 <h1>用户调查</h1>
 <Form name=invest>
</Form>
</body>
</html>
```

2.9.2 课堂小实例——用户输入区域标签<input type="">

在网页中插入的表单对象包括文本字段、复选框、单选按钮、提交按钮、重置按钮和图像域等。在HTML表单中，input标记是最常用的表单标记，包括常见的文本字段和按钮都采用这个标记。

基本语法：

```
<form>
<input type="表单对象" name="表单对象的名称">
</form>
```

在该语法中，name是为了便于程序对不同表单对象的区分，type则是确定了这一个表单对象的类型。type所包含的属性值如表2-7所示。

表2-7　type的属性值

属 性 值	说 明
text	文本字段
password	密码域
radio	单选按钮
checkbox	复选框
button	普通按钮
submit	提交按钮
reset	重置按钮
image	图像域
hidden	隐藏域
file	文件域

实例代码：

```
<!doctype html>
<html>
<head>
<meta charset="utf-8">
<title>无标题文档</title>
</head>
<body>
<form><tr>
<td width="134">
<span class="style4">姓名：</span>
</td>
<td width="296">
<input name="textfield" type="text"
size="25" maxlength="20">
</td>
</tr></form>
</body>
</html>
```

在代码中加粗的标记<input name="textfield" type="text" size="25" maxlength="20">将文本域的名称设置为textfield，长度设置为25，最多字符数设置为20，在浏览器中浏览效果，如图2-32所示。

提示

文本域的长度如果加入了size属性，就可以设置size属性的大小，其最小值为1，最大值将取决于浏览器的宽度。

图2-32　设置文字字段

2.10　实战应用——制作精美表格效果

实例代码：

```
<!doctype html>
<html>
<head>
<meta http-equiv="Content-Type" content="text/html"; charset="gb2312" />
```

```
<title>设计表主体样式</title>
</head>
<body>
<table width="600" height="150" border="1">
<caption>
产品详情
</caption>
<thead bgcolor="#CCCC00">
<tr>
<td width="98">产品名称</td>
<td width="105">产品规格</td>
</tr></thead>
<tbody bgcolor="#FFCC66" align="center ">
<tr>
<td>梦幻蕾丝</td>
<td>130x130</td>
</tr>
<tr>
<td>玫瑰恋人<br></td>
<td>145x130</td>
</tr>
<tr>
<td> 亲亲窝窝</td>
<td>123x133</td>
</tr>
<tr>
<td>幸福相伴 </td>
<td>78x78</td>
</tr>
<tr>
<td>新婚大喜 </td>
<td>100x100</td>
</tr></tbody>
<tr>
<td colspan="2">共41条记录 页次：1/7 每页：12>条记录1[2][3][4][][6][7]</td>
</tr>
</table>
</body>
</html>
```

在代码中加粗部分为设置表格的表主体，在浏览器中预览效果，如图2-33所示。

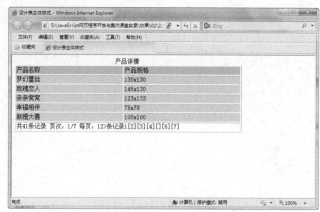

图2-33　表格的表主体效果

2.11 课后练习

1. 填空题

（1）HTML的结构包括_____、_____两大部分，其中头部描述浏览器所需的信息，而主体则包含所要说明的具体内容。

（2）HTML的任何标签都由"<"和">"围起来，如<HTML>。在起始标签的标签名前加上符号"/"便是其_____，如</HTML>，夹在起始标签和终止标签之间的内容受标签的控制。

（3）表格由_____、_____和_____三部分组成。使用表格可以排列页面中的文本、图像以及各种对象。

2. 操作题

制作一个简单的表单网页，如图2-34所示。

图2-34　插入表单对象

第3章
数据类型和变量

本章导读

数据类型在数据结构中的定义是一个值的集合以及定义在这个值集上的一组操作。变量是用来存储值的所在处；它们有名字和数据类型。变量的数据类型决定了如何将代表这些值的位存储到计算机的内存中。在声明变量时也可指定它的数据类型。所有变量都具有数据类型，以决定能够存储哪种数据。

技术要点

◎ 基本数据类型
◎ 复合数据类型
◎ 常量
◎ 变量

实例展示

倒计时效果

3.1 基本数据类型

JavaScript脚本语言同其他语言一样，有它自身的基本数据类型、表达式和算术运算符以及程序的基本框架结构。在JavaScript中有4种基本的数据类型：数值（整数和实数）、字符串型、布尔型和空值。

3.1.1 课堂小实例——使用字符串型数据

字符串是存储字符的变量，可以表示一串字符，字符串是引号中的任意文本，可以使用单引号或双引号对其进行标记，如下代码所示。

基本语法：

```
var  str="字符串";          // 使用双引号定义字符串
var  str='字符串';          // 使用单引号定义字符串
```

可以通过length属性获得字符串长度。例如：

```
var sStr=" How are you ";
alert(sStr.length);
```

下面使用引号定义字符串变量，使用document.write输出相应的字符串，代码如下所示。

```
<script>
var hao1="good morning!";
var hao2="Good afternoon!";
var hao3='Good night!';
document.write(hao1 + "<br>")
document.write(hao2 + "<br>")
document.write(hao3 + "<br>")
</script>
```

打开网页文件，运行的效果如图3-1所示。

图3-1　输出字符串

本代码中var hao1= "good morning!"、var hao2= "Good afternoon!"和var hao3= 'Good night!'，分别使用单引号和双引号定义字符串，最后使用document.write输出定义中的字符串。

3.1.2 课堂小实例——使用数值型数据

数值型数据是表示数量、可以进行数值运算的数据类型。数值型数据由数字、小数点、正负号和表示乘幂的字母E组成，数值精度达16位。

JavaScript数值类型表示一个数字，比如5、12、-5、2e5。数值类型有很多值，最基本的当然就是十进制数值。除了十进制数值，整数还可以通过八进制或十六进制来表示。还有一些极大或极小的数值，可以用科学计数法表示。

```
var num1=10.00;        // 使用小数点来写
var num2=10;           // 不使用小数点来写
```

下面将通过实例讲述常用的数值型数据的使用方法，代码如下所示。

```
<script>
var x1=5.00;
var x2=5;
var y=10e5;
var z=10e-5;
document.write(x1 + "<br />")
document.write(x2 + "<br />")
document.write(y + "<br />")
document.write(z + "<br />")
</script>
```

运行效果如图3-2所示。

图3-2 输出数值

本例代码中的var x1=5.00、var x2=5行分别定义十进制数值，var y=10e5、var z=10e-5行用科学计数法定义数值，最后使用document.write输出十进制数字。

3.1.3 课堂小实例——使用布尔型数据

布尔型数据只有两个值，true和false。它主要用来说明或代表一种状态或标志，当数据间在进行比较或进行判断时，使用这种类型非常方便。

布尔型与C/C++中的布尔型有所不同，C/C++中的布尔型除了可以使用ture或false，还可以使用1或0。但在Javascript中只能使用true或false。

基本语法：

```
var x=true
var y=false
```

下面将通过实例讲述布尔型数据的使用方法，代码如下所示。

```
<script>
 var message = 'Hello';
    if(message)
    {
        alert("Value is true");
    }
</script>
```

运行这个示例，就会显示一个警告框，如图3-3所示。因为字符串message被自动转换成了对应的Boolean值（true）。

图3-3 警告框

3.1.4　课堂小实例——使用Undefined和Null类型

在某种程度上，null和undefine都是具有"空值"的含义，因此容易混淆。实际上二者具有完全不同的含义。null是一个类型为null的对象，可以通过将变量的值设置为null来清空变量。而Undefined这个值表示变量不含有值。

如果定义的变量准备在将来用于保存对象，那么最好将该变量初始化为null而不是其他值。这样一来，只要直接检测null值就可以知道相应的变量是否已经保存了一个对象的引用了，例如：

```
if(car != null)
    {
        // 对car对象执行某些操作
    }
```

实际上，undefined值是派生自null值的，因此ECMA-262规定对它们的相等性测试要返回true。

```
alert(undefined == null); //true
```

下面将通过实例讲述Undefined和Null的使用，代码如下：

```
<script>
var person;
var car="hi";
document.write(person + "<br />");
document.write(car + "<br />");
var car=null;
document.write(car + "<br />");
</script>
```

var person代码变量不含有值，document.write(person + "<br />")输出代码即为undefined值，运行代码的效果如图3-4所示。

图3-4　Undefined和Null

3.2 复合数据类型

前面一节讲述了基本的数据类型，本节将介绍内置对象、日期对象、全局对象、数学对象、字符串对象和数组对象。

3.2.1　常用的内置对象

所有编程语言都具有内部（或内置的）对象来创建语言的基本功能。内部对象是编写自定义代码所用语言的基础，该代码基于想象实现自定义功能。JavaScript有许多将其定义为语言的内部对象。

作为一门编程语言，JavaScript提供了一些内置的对象和函数。内置对象提供编程的几种最常用的功能。JavaScript内置对象有以下几种。

- String对象：处理所有的字符串操作。
- Math对象：处理所有的数学运算。
- Date对象：处理日期和时间的存储、转化和表达。
- Array对象：提供一个数组的模型、存储大量有序的数据。
- Event对象：提供JavaScript事件的各种处理信息。

3.2.2　课堂小实例——日期对象

Date对象用于处理日期和时间。可以通过new关键词来定义Date对象。

基本语法：

```
var curr=new Data();
```

语法说明:

利用new来声明一个新的对象实体。

date对象会自动把当前日期和时间保存为其初始值,参数的形式有以下5种。

```
new Date("month dd,yyyy hh:mm:ss");
new Date("month dd,yyyy");
new Date(yyyy,mth,dd,hh,mm,ss);
new Date(yyyy,mth,dd);
new Date(ms);
```

需要注意最后一种形式,参数表示的是需要创建的时间和GMT时间1970年1月1日之间相差的毫秒数。各种参数的含义如下。

● month:用英文表示的月份名称,从January ~December。

● mth:用整数表示的月份,从0(1月)~11(12月)。

● dd:表示一个月中的第几天,为从1~31的整数。

● yyyy:用四位数表示的年份。

● hh:小时数,从0(午夜)~23(晚11点)的整数。

● mm:分钟数,从0~59的整数。

● ss:秒数,从0~59的整数。

● ms:毫秒数,为大于等于0的整数。

下面是使用上述参数形式创建日期对象的例子。

```
new Date("May 12,2013 15:15:32");
new Date("May 12,2013");
new Date(2013,4,12,17,18,32);
new Date(2013,4,12);
new Date(1178899200000);
```

下面的表3-1列出了Date对象的常用方法。

表3-1 Date对象的常用方法

方 法	描 述
getYear()	返回年,以0开始
getMonth()	返回月,以0开始
getDate()	返回日期
getHours()	返回小时,以0开始
getMinutes()	返回分钟,以0开始
getSeconds()	返回秒,以0开始
getMilliseconds()	返回毫秒(0-999)
getUTCDay()	依据国际时间来得到现在是星期几(0-6)
getUTCFullYear()	依据国际时间来得到完整的年份
getUTCMonth()	依据国际时间来得到月份(0-11)
getUTCDate()	依据国际时间来得到日(1-31)
getUTCHours()	依据国际时间来得到小时(0-23)
getUTCMinutes()	依据国际时间来返回分钟(0-59)
getUTCSeconds()	依据国际时间来返回秒(0-59)
getUTCMilliseconds()	依据国际时间来返回毫秒(0-999)
getDay()	返回星期几,值为0-6
getTime()	返回从1970年1月1日0:0:0到现在一共花去的毫秒数
setYear()	设置年份,2位数或4位数
setMonth()	设置月份(0-11)
setDate()	设置日(1-31)
setHours()	设置小时数(0-23)
setMinutes()	设置分钟数(0-59)
setSeconds()	设置秒数(0-59)
setTime()	设置从1970年1月1日开始的时间,毫秒数
setUTCDate()	根据世界时设置Date对象中月份的一天 (1~31)
setUTCMonth()	根据世界时设置Date对象中的月份 (0~11)

续表

方　法	描　述
setUTCFullYear()	根据世界时设置Date对象中的年份（四位数字）
setUTCHours()	根据世界时设置Date对象中的小时 (0～23)
setUTCMinutes()	根据世界时设置Date对象中的分钟 (0～59)
setUTCSeconds()	根据世界时设置Date对象中的秒钟 (0～59)
setUTCMilliseconds()	根据世界时设置Date对象中的毫秒 (0～999)
toSource()	返回该对象的源代码
toString()	把Date对象转换为字符串
toTimeString()	把Date对象的时间部分转换为字符串
toDateString()	把Date对象的日期部分转换为字符串
toGMTString()	使用toUTCString()方法代替
toUTCString()	根据世界时，把Date对象转换为字符串
toLocaleString()	根据本地时间格式，把Date对象转换为字符串
toLocaleTimeString()	根据本地时间格式，把Date对象的时间部分转换为字符串
toLocaleDateString()	根据本地时间格式，把Date对象的日期部分转换为字符串
UTC()	根据世界时返回1997年1月1日到指定日期的毫秒数
valueOf()	返回Date对象的原始值

实例代码：

```
<script language="javascript">
<!--
var cur = new Date();                        // 创建当前日期对象cur
var years = cur.getYear();                   // 从日期对象cur中取得年数
var months = cur.getMonth();                 // 取得月数
var days = cur.getDate();                    // 取得天数
var hours = cur.getHours();                  // 取得小时数
var minutes = cur.getMinutes();              // 取得分钟数
var seconds = cur.getSeconds();              // 取得秒数
                                             // 显示取得的各个时间值
alert( "此时时间是:" + years + "年" + (months+1) + "月"
+ days + "日" + hours + "时" + minutes + "分"
+ seconds + "秒" );
-->
</script>
```

上面代码中应用Date对象从电脑的系统时间中获取当前时间，并利用相应方法获取与时间相关的各种数值。getYear()方法获取年份，getMonth()方法获取月份，getDate()方法获取日期，getHours()方法获取小时，getMinutes()获取分钟，getSeconds()获取秒数。运行代码，效果如图3-5所示。

图3-5　制作日期效果

3.2.3 数学对象

作为一门编程语言，进行数学计算是必不可少的。在数学计算中经常会使用到数学函数，如取绝对值、开方、取整、求三角函数值等，还有一种重要的函数是随机函数。JavaScript将所有这些与数学有关的方法、常数、三角函数以及随机数都集中到一个对象里面——Math对象。Math对象是JavaScript中的一个全局对象，不需要由函数进行创建，而且只有一个。

基本语法：

```
math.属性
math.方法
```

Math对象并不像Date和String那样是对象的类，因此没有构造函数Math()，像Math.sin()这样的函数只是函数，不是某个对象的方法，无须创建它，通过把Math作为对象使用就可以调用其所有属性和方法。

下面的表3-2列出了Math对象的常用方法。

表3-2　Math对象的常用方法

方　法	描　述
abs(x)	返回数的绝对值
acos(x)	返回数的反余弦值
asin(x)	返回数的反正弦值
atan(x)	以介于-PI/2与PI/2弧度之间的数值来返回x的反正切值
atan2(y,x)	返回从x轴到点 (x,y)的角度（介于-PI/2与PI/2弧度之间）
ceil(x)	对数进行上舍入
cos(x)	返回数的余弦
exp(x)	返回e的指数
floor(x)	对数进行下舍入
log(x)	返回数的自然对数（底为e）
max(x,y)	返回x和y中的最高值
min(x,y)	返回x和y中的最低值
pow(x,y)	返回x的y次幂
andom()	返回0～1之间的随机数
round(x)	把数四舍五入为最接近的整数
sin(x)	返回数的正弦。
sqrt(x)	返回数的平方根
tan(x)	返回角的正切
toSource()	返回该对象的源代码
valueOf()	返回Math对象的原始值

下面的表3-3列出了Math对象的属性。

表3-3　Math对象的属性

属　性	描　述
E	返回算术常量e，即自然对数的底数（约等于2.718）
ln2	返回2的自然对数（约等于0.693）
ln10	返回10的自然对数（约等于2.302）
log2e	返回以2为底的e的对数（约等于1.414）
log10e	返回以10为底的e的对数（约等于0.434）
pi	返回圆周率（约等于3.14159）
sqrt1_2	返回2的平方根的倒数（约等于0.707）
sqrt2	返回2的平方根（约等于1.414）

实例代码：

```
<script language="javascript">
a=Math.sin(1);
document.write(a)
</script>
```

a=Math.sin(1)使用了Math对象算出了弧度为10的角度的sin值，运行代码，效果如图3-6所示。

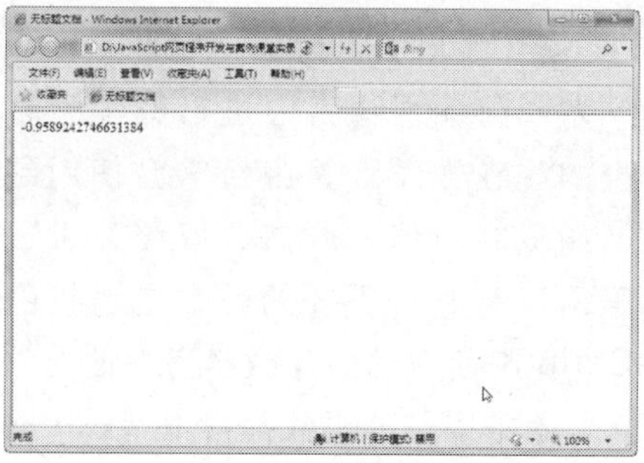

图3-6 利用Math计数sin值

3.2.4 字符串对象

String对象是动态对象，需要创建对象实例后才可以引用它的属性或方法，可以把用单引号或双引号括起来的一个字符串当作一个字符串的对象实例来看待，也就是说可以直接在某个字符串后面加上（.）去调用string对象的属性和方法。String类定义了大量操作字符串的方法，例如从字符串中提取字符或子串，或者检索字符或子串。需要注意的是，JavaScript的字符串是不可变的，String类定义的方法都不能改变字符串的内容。

基本语法：

```
new String(s);
String(s);
```

参数s是要存储在String对象中或转换成原始字符串的值。

当String()和运算符new一起作为构造函数使用时，它返回一个新创建的String对象，存放的是字符串s或s的字符串表示。

当不用new运算符调用String() 时，它只把s转换成原始的字符串，并返回转换后的值。

一般利用String对象提供的函数来处理字符串。String对字符串的处理主要提供了下列方法。

- charAt (idx)：返回指定位置处的字符。
- indexOf (Chr)：返回指定子字符串的位置，从左到右。找不到则返回−1。
- lastIndexOf (chr)：返回指定子字符串的位置，从右到左。找不到则返回−1。
- toLowerCase ()：将字符串中的字符全部转化成小写。
- toUpperCase ()：将字符串中的字符全部转化成大写。

实例代码：

```
<!doctype html>
<html>
<head>
<meta charset="utf-8">
<title>无标题文档</title>
</head>
<body>
<script type="text/javascript">
var string="I LOVE YOU "
document.write("<p>把字符转换为小写: " + string.toLowerCase() + "</p>")
document.write("<p>把字符转换为大写: " + string.toUpperCase() + "</p>")
document.write("<p>显示为下标: " + string.sub() + "</p>")
document.write("<p>显示为上标: " + string.sup() + "</p>")
document.write("<p>将字符串显示为链接: " + string.link("http://www.xxx.com") + "</p>")
</script>
</body>
</html>
```

String对象用于操纵和处理文本串，可以在程序中获得字符串长度、提取子字符串，以及将字符串转换为大写或小写字符。运行代码，效果如图3-7所示。

图3-7 String对象

3.2.5 数组对象

在程序中数据是存储在变量中的，但是，如果数据量很大，比如几百个学生的成绩，此时再逐个定义变量来存储这些数据就显得异常繁琐，如果通过数组来存储这些数据就会使这一过程大大简化。在编程语言中，数组是专门用于存储有序数列的工具，也是最基本、最常用的数据结构之一。在JavaScript中，Array对象专门负责数组的定义和管理。

每个数组都有一定的长度，表示其中所包含的元素个数，元素的索引总是从0开始，并且最大值等于数组长度减1。

基本语法：

数组也是一种对象，使用前先创建一个数组对象。创建数组对象使用Array函数，并通过new操作符来返回一个数组对象，其调用方式有以下3种。

```
new Array()
new Array(len)
new Array([item0,[item1,[item2,…]]])
```

语法解释：

其中第1种形式创建一个空数组，它的长度为0；第2种形式创建一个长度为len的数组，len的数据类型必须是数字，否则按照第3种形式处理；第3种形式是通过参数列表指定的元素初始化一个数组。下面是分别使用上述形式创建数组对象的例子。

```
var objArray=new Array();     //创建了一个空数组对象
var objArray=new Array(6);     //创建一个数组对象，包括6个元素
var objArray=new Array("x","y","z"); //以"x","y","z"3个元素初始化一个数组对象
```

在JavaScript中，不仅可以通过调用Array函数创建数组，而且可以使用方括号"[]"的语法直接创造一个数组，它的效果与上面第3种形式的效果相同，都是以一定的数据列表来创建一个数组。这样表示的数组称为一个数组常量，是在JavaScript1.2版本中引入的。通过这种方式就可以直接创建仅包含一个数字类型元素的数组了。例如下面的代码：

```
var objArray=[];       //创建了一个空数组对象
var objArray=[2];       //创建了一个仅包含数字类型元素"2"的数组
var objArray=["a","b","c"];   //以"a","b","c"3个元素初始化一个数组对象
```

实例代码：

```
<script type="text/javascript">
function sortNumber(a, b)
{
return a - b
}
var arr = new Array(6)
arr[0] = "8"
arr[1] = "0"
arr[2] = "50"
arr[3] = "30"
arr[4] = "20000"
arr[5] = "70"
document.write(arr + "<br />")
document.write(arr.sort(sortNumber))
</script>
```

本例使用sort()方法从数值上对数组进行排序。原来数组中的数字顺序是"8，0，50，30，20000，70"，使用sort方法重新排序后的顺序是"0，8，30，50，70，20000"。最后使用document.write方法分别输出排序前后的数字。运行代码，效果如图3-8所示。

图3-8　使用数组排序

3.3 常量

常量也称常数，是执行程序时保持常数值、永远不变的命名项目。常数可以是字符串、数值、算术运算符、逻辑运算符或它们的组合。

3.3.1 常量的种类

在JavaScript中，常量有以下6种基本类型。

1．整型常量

JavaScript的常量通常又称字面常量，它是不能改变的数据。其整型常量可以使用十六进制、八进制和十进制表示其值。

2．实型常量

实型常量是由整数部分加小数部分表示，如12.32、193.98。可以用科学或标准方法表示：如5E7、4e5等。

3．布尔值

布尔常量只有两种状态：True和False。它主要用来说明或代表一种状态或标志，以说明操作流程。

4．字符型常量

使用单引号（'）或双引号（"）括起来的一个或几个字符。如"ThisisabookofJavaScript"、"3245"、"ewrt234234"等。

5．空值

JavaScript中有一个空值null，表示什么也没有。如果引用没有定义的变量，则返回一个Null值。

3.3.2 课堂小实例——常量的使用方法

在程序执行过程中，其值不能改变的量称为常量。常量可以直接用一个数来表示，称为常数（或称为直接常量），也可以用一个符号来表示，称为符号常量。

下面通过实例讲述字符常量、布尔型常量和数值常量的使用，输入如下代码。

```
<script language="javascript">
<!--
document.write( "<li>常量的使用方法<br>" );                    // 使用字符串常量
document.write( "<li>" + 7 + "一星期7天" );                     // 使用数值常量
if( true )                                                    // 使用布尔型常量true
{
document.write( "<br><li>布尔常量: " + true );
}
document.write( "<li>八进制数值常量012输出为十进制: " + 012);    // 使用8进制常
量和十进制常量
-->
</script>
```

document.write("<li>常量的使用方法
")代码使用字符串常量，document.write("<li>" + 7 + "一星期7天")代码使用数值常量7，if（true）在if语句块中使用布尔型常量true，document.write("<li>八进制数值常量012输出为十进制: " + 012)代码使用八进制数值常量输出为十进制，运行代码，效果如图3-9所示。

图3-9　常量的使用方法

3.4 变量

JavaScript基本数据类型中变量的主要作用是存取数据、提供存放信息的容器。对于变量必须明确变量的命名、变量的类型、变量的声明及其变量的作用域。

3.4.1 变量的含义

变量是存取数字、提供存放信息的容器。正如代数一样，JavaScript 变量用于保存值或表达式。可以给变量起一个简短名称，比如x。

```
x=4
y=5
z=x+y
```

在代数中，使用字母（比如x）来保存值（比如4）。通过上面的表达式z=x+y，能够计算出z的值为9。在JavaScript中，这些字母被称为变量。

3.4.2 变量的定义方式

JavaScript中定义变量有两种方式。

1. 使用var关键字定义变量，如"var book;"。

该种方式可以定义全局变量也可以定义局部变量，这取决于定义变量的位置。在函数体中使用var关键字定义的变量为局部变量；在函数体外使用var关键字定义的变量为全局变量。例如：

```
var my=3;
var mysite="baidu";
```

var代表声明变量，var是variable的缩写。

my与mysite都为变量名(可以任意取名)，必须使用字母或者下划线(_)开始。3与"baidu"都为变量值，3代表一个数字，"baidu"是一个字符串，因此应使用双引号。

2．不使用var关键字，而是直接通过赋值的方式定义变量，如"param="hello""。而在使用时再根据数据的类型来确其变量的类型。

实例代码：

```html
<html>
<head>
<title>test</title>
<script type="text/javascript">
function test() {
param = "hello";
alert(param);
}
alert(param);
</script>
</head>
<body onload="test()"></body>
</html>
```

param = "hello"代码直接定义变量，alert(param)代码使页面弹出提示框"hello"，运行代码，效果如图3-10所示。

图3-10　提示框

3.4.3　变量的命名规则

大家都知道变量定义统一都是var，变量命名也有相应规范。JavaScript首先是一种区分大小写的语言，即变量myVar、myVAR和myvar是不同的变量。

另外，变量名称的长度是任意的，但必须遵循以下规则：

● 变量名是严格区别分小写的，如变量abc和ABC是两个变量，可以在程序分别对其进行声明、赋值和引用。

● JavaScript中变量名必须以字母或下划线(_)打头，其余可以包括数字、字符和_，如_temp、_abc、example2就是合法的变量名。

● 不能引用JavaScript中的关键字作为变量，在JavaScript中定义了40多个关键字，这些关键字都是JavaScript内部使用的，不能作为变量的名称，如var、true、int等不能作为变量名使用。

下面给出合法的命名，也是合法的变量名。

```
total
_total
total10
total_10
total_n
```

下面是不合法的变量名。

```
12 total
$ total
$# total
```

建议为了方便阅读，变量名可以使用定义简单而且容易记忆的名称。

3.4.4　课堂小实例——变量的作用范围

在JavaScript中有全局变量和局部变量。全局变量是定义在所有函数体之外，其作用范围是整个函数；而局部变量是定义在函数体之内，只对该函数是可见的，而对其他函数则是不可见的。

（1）全局变量的作用域是全局性的，即在整个JavaScript程序中，全局变量处处都存在。一般定义在"script"块中，在"function"函数外。

（2）而在函数内部声明的变量，只在函数内部起作用。这些变量是局部变量，作用域是局部性的；函数的参数也是局部性的，只在函数内部起作用。

（3）在函数内部，局部变量的优先级比同名的全局变量优先级要高。如果存在与全局变量名称相同的局部变量，或者在函数内部声明了与全局变量同名的参数，那么该全局变量将不再起作用。

实例代码：

```
<!doctype html>
<html>
<head>
<meta charset="utf-8">
<title>无标题文档</title>
<Script Language ="JavaScript">
 <!--
greeting="<h1>how are you</h1>";
welcome="<p>Welcome to <cite>JavaScript</cite>.</p>";
-->
</Script>
</head>
 <body>
 <Script language="JavaScript">
 <!--
document.write(greeting);
document.write(welcome);
 -->
 </Script>
</body>
</html>
```

greeting="<h1> how are you </h1>"和welcome="<p>Welcome to <cite>JavaScript</cite>.</p>"
声明了两个字符串变量，最后使用document.write语句将两个页面分别显示在页面中，运行代码，效
果如图3-11所示。

图3-11　变量的作用

3.5 实战应用——制作倒计时特效

倒计时特效可以让用户可以明确知道到某个日期剩余的时间，制作倒计
时特效的具体操作步骤如下。

（1）使用Dreamweaver CC打开网页文档，如图3-12所示。

（2）在\<body \>与\</body>之间相应的位置输入以下代码，如图3-13所示。

```
<Script Language="JavaScript">
var timedate= new Date("October 1,2013");
var times="元旦";
var now = new Date();
var date = timedate.getTime() - now.getTime();
var time = Math.floor(date / (1000 *60* 60 * 24));
if (time >= 0) ;
document.write("现在离2013年"+times+"还有: <font color=red><b>"+time +"</b></font>天");
</Script>
```

提示

◆ 利用var date = timedate.getTime() - now.getTime()可以获得剩余时间，由于时间是以毫秒为单位的，因此时间单位之间的换算率如下。

1天=24小时

1小时=60分钟

1分钟=60秒

1秒=1000毫秒

◆ 利用var time = Math.floor(date / (1000 * 60 * 60 * 24))将剩余时间转为剩余天数。

图3-12　打开网页文档

图3-13　输入代码

（3）保存文档，在浏览器中预览效果，如图3-14所示。

图3-14　倒计时效果

3.6 课后练习

1. 填空题

（1）JavaScript脚本语言同其他语言一样，有它自身的基本数据类型、表达式和算术运算符以及程序的基本框架结构。在JavaScript中有4种基本的数据类型：＿＿＿＿＿、＿＿＿＿＿、＿＿＿＿＿和空值。

（2）JavaScript布尔类型只包含两个值，真（true）和假（false）。它用于判断表达式的＿＿＿＿＿。

（3）JavaScript将所有这些与数学有关的方法、常数、三角函数以及随机数都集中到一个对象里面是＿＿＿＿＿。

2. 操作题

制作页面显示当前日期效果，如图3-15所示。

图3-15 显示当前日期效果

第4章
表达式与运算符

本章导读

运算符是在代码中对各种数据进行运算的符号，例如有进行加、减、乘、除算术运算的运算符，有进行与、或、非、异或逻辑运算的运算符。表达式是由运算符和运算对象及圆括号组成的一个序列，它是由常量、变量、函数等用运算符连接而成的式子。表达式是构成程序代码的最基本要素。

技术要点

◎ 表达式
◎ 操作数
◎ 运算符介绍
◎ 算术运算符
◎ 关系运算符
◎ 字符串运算符
◎ 赋值运算符
◎ 逻辑运算符
◎ 位运算符

4.1 表达式

表达式是一组可以计算出一个数值的有效的代码的集合。

从概念上讲，有两种表达式它们是把一个值赋值给一个变量和那些可以简单得到一个值的式子。比如，x=5就是第一种。这个表达式用"="运算符把值57赋值给变量x。这个表达式自己的值等于5。而代码 3 + 2 则是第二种表达式，这个表达式用"+"运算符把3和2相加却并将结果5赋值给一个变量。

JavaScript有如下类型的表达式。

● 算术：求值结果为数字，例如3.14159（通常使用算术运算符）。
● 字符串：evaluates to a character string，例如，"Fred" or "234"（通常使用字符串运算符）。
● 逻辑：求值结果为true或false（（通常包含逻辑运算符）。
● 对象：求值结果为对象（到特殊运算符中查阅多种不同的求值结果为对象的表达式）。

一个正则表达式就是由普通字符以及特殊字符（称为元字符）组成的文字模式。该模式描述在查找文字主体时待匹配的一个或多个字符串。正则表达式作为一个模板，将某个字符模式与所搜索的字符串进行匹配。创建一个正则表达式有如下两种方法。

第一种方法：

```
var reg = /pattern/;
```

第二种方法：RegExp是正则表达式的缩写。当检索某个文本时，可以使用一种模式来描述要检索的内容。RegExp就是这种模式。

```
var reg = new RegExp('pattern');
```

实例代码：

```
<script type="text/javascript">
function execReg(reg,str)
{ var result = reg.exec(str);
alert(result); }
var reg = /test/;
var str = 'testString';
execReg(reg,str);
</script>
```

最终将会输出test，因为正则表达式reg会匹配str（'testString'）中的'test'子字符串，并且将其返回，运行代码，效果如图4-1所示。

图4-1 表达式

4.2 操作数

操作数是进行运算的常量或变量。如下代码，常量2和常量3都是操作数。

```
2+3
```

在以下代码中，变量x与常量10都是操作数。

```
x=10
```

在以下代码中，变量x、常量10和常量20都是操作数。

```
x=10+20
```

4.3 运算符介绍

运算符是完成操作的一系列符号，在JavaScript中有赋值运算符、算术运算符、字符串运算符、逻辑运算符、比较运算符、条件运算符及位运算符。

4.3.1 运算符

运算符是一种用来处理数据的符号，日常算数中所用到的"+"、"-"、"×"、"÷"都属于运算符。在JavaScript中的运算符大多也是用这样一些符号所表示，除此之外，还有一些运算符是使用关键字来表示的。

1. JavaScript具有下列种类的运算符：算术运算符、等同运算符与全同运算符、比较运算符。

2. 目的分类：字符串运算符、逻辑运算符、逐位运算符和赋值运算符。

3. 特殊运算符：条件运算符、type of运算符、创建对象运算符new、delete运算符、void运算符号和逗号运算符。

算术运算符：+、-、*、/、%、++、--

等同运算符与全同运算符：==、===、!==、!===

比较运算符：<、>、<=、>=

字符串运算符：<、>、<=、>=、=、+

逻辑运算符：&&、||、!

赋值运算符：=、+=、*=、-=、/=

4.3.2 操作数的类型

运算符所连接的是操作数，而操作数也就是变量或常量。变量和常量都有一个数据类型，因此，在使用运算符创建表达式时，一定要注意操作数的数据类型。每一种运算符都要求其作用的操作数符合某种数据类型。

最基本的赋值操作数是等号（=），它会将右操作数的值直接赋给左操作数。也就是说，x= y将把y的值赋给x。运算符"="用于给JavaScript变量赋值。算术运算符"+"用于把值加起来。例如：

```
y=4;
z=3;
x=y+z;
```

在以上语句执行后，x的值是7。

4.4 算术运算符

算术运算符使用数值作为操作数并返回一个数值。标准的算术运算符就是加、减、乘、除(+、-、*、/)。当操作数是浮点数时，这些运算符表现得跟它们在大多数编程语言中一样。

4.4.1 课堂小实例——加法运算符

JavaScript中加法运算符（+）是将数字表达式的值加到另一数字表达式上，或连接两个字符串。使用方式：其中result是任何变量。expression1是任何表达式。expression2是任何表达式。

语法说明：

```
result = expression1 + expression2
```

其中result是任何变量。

expression1是任何表达式。

expression2是任何表达式。

例如：

```
<script language="javascript">
<!--
var i=8;
var x=i+2;
document.write( x );
-->
</script>
```

这里将8赋值给i，运行加法运算x=i+2，使用document.write(x)输出结果x为10，如图4-2所示。

图4-2 加法运算

4.4.2 课堂小实例——减法运算符

减法运算符（-）是一个二元运算符，可以对两个数字型的操作数进行相减运算，返回第1个操作数减去第2个操作数的值。

语法说明：

```
result = expression1 - expression2
```

其中result是任何数值变量。

expression是任何数值表达式。

例如：

```
<script language="javascript">
<!--
var i=8;                //赋值给i值8
var x=i-2;
document.write( x );   //输出x
-->
</script>
```

将8赋值给i，运行减法运算var x=i-2，使用document.write(x)输出结果x为6，如图4-3所示。

图4-3 减法运算符

4.4.3 课堂小实例——乘法运算符

乘法运算符（*）是一个二元运算符，可以对两个数字型的操作数进行相乘运算，返回两个操作数之积。操作数类型要求为数值型。

例如：

```
<script language="javascript">
<!--
var i=8;                //赋值给i值8
var x=i*2;
document.write( x );   //输出x
-->
</script>
```

将8赋值给i，运行乘法运算var x=i*2，使用document.write(x)输出结果x为16，如图4-4所示。

图4-4 乘法运算

4.4.4 课堂小实例——除法运算符

除法运算符（/）是一个二元运算符，可以对两个数字型的操作数进行相除运算，返回第1个操作数除以第2个操作数的值。例如：

```javascript
<script language="javascript">
<!--
var i=8;
var x=i/2;
document.write( x );
-->
</script>
```

将8赋值给i，运行除法运算var x=i/2，使用document.write(x)输出结果x为4，如图4-5所示。

图4-5 除法运算符

4.4.5 课堂小实例——取模运算符

取模运算符，用百分号(%)表示。如果运算数都是数字，执行常规算术除法运算，返回余数。如果运算数是非数字的类型，则转换成数字。

```javascript
<script language="javascript">
<!--
var i=11;
var x=i%2;
document.write( x );
-->
</script>
```

将11赋值给i，运行取模运算var x=i%2，

使用document.write(x)输出结果x为1，如图4-6所示。

图4-6 取模运算符

4.4.6 课堂小实例——负号运算符

负号运算符（-）是一个一元运算符，可以将一个数字进行取反操作，即将一个正数转换成相应的负数，也可以将一个负数转换成相应的正数。例如：

```javascript
<script language="javascript">
<!--
var i=15;              //正数
var x=-i;              //取反
document.write( x );   //输出x
-->
</script>
```

将15赋值给i，运行取反运算var x=-i，使

用document.write(x)输出结果x为-15，如图4-7所示。

图4-7 取反运算

4.4.7　课堂小实例——正号运算符

正号运算符（＋），该运算符不会对操作数产生任何影响，只会让源代码看起来更清楚。例如：

```
<script language="javascript">
<!--
var i=8;
var x=+i;
document.write( x );
-->
</script>
```

将8赋值给i，运行正号运算var x=+i，使用

document.write(x)输出结果x仍为8，如图4-8所示。

图4-8　正号运算

4.4.8　课堂小实例——递增运算符

递增运算符（++）是单模操作符，因此它的操作数只有一个。比如i++和++i，所做的运算都是将操作数加1。如果"++"位于运算数之前，先对运算数进行增量，然后计算运算数增长后的值。如果"++"位于运算数之后，应先使用再递增。例如：

```
<script language="javascript">
<!--
var i=15;
var x=i++;
document.write( i +"<br>");
document.write( x +"<br>");
var i=15;
var x=++i;
document.write( i +"<br>");
document.write( x +"<br>");
```

```
-->
</script>
```

var x=i++是先将变量的值赋值给变量x之后，再对x进行递增操作。var x=++i是先将变量i进行递增操作后再将变量i的值赋给变量x，所以运行结果如图4-9所示。

图4-9　递增运算

4.4.9　课堂小实例——递减运算符

递减运算符也是单模操作符，其操作数只有一个，它的作用和递增操作符正好相反，是将操作数减1，也可以将操作数放在前面或后面，i--和--i都是合法的。例如：

```
<script language="javascript">
<!--
var i=15;
var x=i--;
```

```
document.write( i +"<br>");
document.write( x +"<br>");
var i=15;
var x=--i;
document.write( i +"<br>");
document.write( x +"<br>");
-->
</script>
```

var x=i--是先将变量的值赋值给变量x之后，再对x进行递减操作。var x=--i是先将变量i进行递减操作后再将变量i的值赋给变量x，所以运行结果如图4-10所示。

图4-10　递减运算符

4.5 关系运算符

关系运算符又称比较运算符，它是反映操作数之间关系的一类运算符的总称。这类运算符通常是双目的，并且返回的表达式值类型为布尔型。在JavaScript中关系运算符包括大小关系检测、等值关系检测等类型。

4.5.1 课堂小实例——相等运算符

相等运算符（==）是先进行类型转换再测试是否相等，如果左操作数等于右操作数，则返回true，否则返回false。

基本语法：

```
exp1 == exp2
exp1 != exp2
```

==运算符判断exp1和exp2是否相等，如果相等的话返回值为true（真），如果不相等的话返回值为false（假）。!=运算符判断exp1和exp2是否不等，如果不相等的话返回值为true（真），如果相等的话返回值为false（假）。对数值和字符串都能使用该运算符。

实例说明：

```
<script language="javascript">
<!--
var a = "10";
var b = 10;
var c = 11;
if ( a == b )                    //a、b发生类型转换
{
document.write("a等于b<br>");    //如果a=b输出a等于b
}
else
{document.write("a不等于b<br>");  }   //否则输出a不等于b
if ( b == c)
{
document.write("b等于c<br>");    //如果b=c输出b等于c
}
else
{document.write("b不等于c<br>");  }   //否则输出b不等于c
-->
</script>
```

相等运算符并不要求两个操作数的类型都一样，相等运算符会将字符串"10"与数字10认为是两个相等的操作数，运行代码的效果如图4-11所示。

图4-11　相等运算

4.5.2　课堂小实例——等同运算符

等同运算符（===）与相等运算符类似，也是一个二元运算符，同样可以比较两个操作数是否相等。此运算符不进行类型转换而直接进行测试，如果左操作数等于右操作数，则返回 true，否则返回false。

基本语法：

```
exp1 === exp2
exp1 !== exp2
```

当数值和字符串互相比较的时候，==运算符与!=运算符都会自动转换类型并进行判断，而===运算符与!==运算符则不进行自动转换，数值与字符串的比较结果永远是false。

```
<script language="javascript">
<!--
var a = "8";
var b = 8;
var c = 10;
if ( a === b )
{
document.write("a等于b<br>");
}
else
```

```
{document.write("a不等于b<br>");   }
if ( b === c)
{
document.write("b等于c<br>");
}
else
{document.write("b不等于c<br>");   }
-->
</script>
```

JavaScript在使用相等运算符比较时，认为数字10和字符串"10"是相同的，而使用等同运算符进行比较时，认为数字10和字符串"10"是不同的，运行代码的效果如图4-12所示。

图4-12　等同运算符

4.5.3　课堂小实例——不等运算符

不等于（!=）操作符先进行类型转换再测试是否不相等，如果左操作数不等于右操作数，则返回true，否则返回false。例如：

```
<script language="javascript">
<!--
var a = 8;
var b = 8;
var c = 10;
if ( a != b )
{
document.write("a等于b<br>");
}
else
{document.write("a不等于b<br>");   }
if ( b != c)
{
document.write("b等于c<br>");
}
else
{document.write("b不等于c<br>");   }
-->
</script>
```

只有不等运算符左右的操作数不相等才会返回true，否则返回false，运行代码的效果如图4-13所示。

图4-13　不等运算符

4.5.4　课堂小实例——不等同运算符

不等同运算符（! ==），此运算符不进行类型转换直接测试，如果左操作数不等于右操作数则返回true，否则返回false。例如：

```
<script language="javascript">
<!--
var a = 8;
var b = 8;
var c = 10;
if ( a !== b )
{
document.write("a等于b<br>");
}
else
{document.write("a不等于b<br>");   }
if ( b !== c)
{
document.write("b等于c<br>");
}
else
{document.write("b不等于c<br>");   }
-->
</script>
```

运行代码的效果如图4-14所示。

图4-14　不等同运算符

4.5.5 课堂小实例——小于运算符

小于运算符（<），如果左操作数小于右操作数，则返回true，否则返回false。例如：

```
<script language="javascript">
<!--
var a = 10;        //将10赋值给a
var b = 15;        //将15赋值给b
if ( a<b )         //判断a是否小于b
{ document.write("a小于b<br>"); }
else
{document.write("a不小于b<br>"); }
-->
</script>
```

将10赋值给a，将15赋值给b，因为a<b，所以输出a小于b，运行代码的效果如图4-15所示。

图4-15 小于运算符

4.5.6 课堂小实例——大于运算符

大于运算符（>），如果左操作数大于右操作数，则返回true，否则返回false。例如：

```
<script language="javascript">
<!--
var a = 10;
var b = 15;
if ( a>b )
{ document.write("a大于b<br>"); }
else
{document.write("a不大于b<br>"); }
-->
</script>
```

将10赋值给a，将15赋值给b，因为a<b，所以输出a不大于b，运行代码的效果如图4-16所示。

图4-16 大于运算符

4.5.7 课堂小实例——小于或等于运算符

小于或等于运算符（<=），如果左操作数小于等于右操作数，则返回true，否则返回false。例如：

```
<script language="javascript">
<!--
var a = 10;
var b = 15;
if ( a<=b )
{ document.write("a小于等于b<br>"); }
else
{document.write("a大于b<br>"); }
-->
</script>
```

将10赋值给a，将15赋值给b，因为a<b，所以输出a小于等于b，运行代码的效果如图4-17所示。

图4-17 小于或等于运算符

4.5.8 课堂小实例——大于或等于运算符

大于或等于运算符（>=），如果左操作数大于等于右操作数，则返回true，否则返回false。例如：

```
<script language="javascript">
<!--
var a = 15;
var b = 15;
if ( a>=b )
{
document.write("a大于等于b<br>");
}
else
{document.write("a小于b<br>");  }
-->
</script>
```

将15赋值给a，将15赋值给b，因为a=b，所以输出a大于等于b，运行代码的效果如图4-18所示。

图4-18　大于或等于运算符

4.6 课堂小实例——字符串运算符

字符串运算符除了比较操作符，可应用于字符串值的操作符还有连接操作符（+），它会将两个字符串连接在一起，并返回连接的结果。

"+"运算符用于把文本值或字符串变量加起来（连接起来）。如需把两个或多个字符串变量连接起来，即可使用"+"运算符。要想在两个字符串之间增加空格，需要把空格插入到一个字符串之中，例如：

```
<script language="javascript">
<!--
var txt1="how ";
var txt2="are you";
var txt3=txt1+" "+txt2;
document.write( "输出变量txt3: " + txt3 );
-->
</script>
```

在以上语句执行后，变量 txt3 包含的值是 how are you，如图4-19所示。

图4-19　字符串运算符

4.7 赋值运算符

赋值运算符（=）的作用是给一个变量赋值，即将某个数值指定给某个变量。JavaScript的赋值运算符不仅可用于改变变量的值，还可以和其他一些运算符联合使用，构成混合赋值运算符。

- ● =将右边的值赋给左边的变量。
- ● +=将运算符左边的变量递增右边表达式的值。
- ● −=将运算符左边的变量递减右边表达式的值。
- ● *=将运算符左边的变量乘以右边表达式的值。
- ● /=将运算符左边的变量除以右边表达式的值。
- ● %=将运算符左边的变量用右边表达式的值求模。
- ● &=将运算符左边的变量与右边表达式的值按位与。
- ● !=将运算符左边的变量与右边表达式的值按位或。
- ● ^=将运算符左边的变量与右边表达式的值按位异或。
- ● <<=将运算符左边的变量左移，具体位数由右边表达式的值给出。

- ● >>=将运算符左边的变量右移，具体位数由右边表达式的值给出。
- ● >>>=将运算符左边的变量进行无符号右移，具体位数由右边表达式的值给出。

赋值表达式的值也就是所赋的值。例如，x=(y+=z) 就相当于 x=(y=y+z)，相当于 x=y+z，x的值由于赋值语句的变化而不断发生变化，而y的值始终不变。

下面举一些例子来说明赋值运算符的用法。

```
设a=3  b=2
a+=b=5  a-=b=1
a*=b=6  a/=b=1.5
a%=b=1  a&=b=2
```

4.8 逻辑运算符

逻辑运算符通常用来执行布尔代数。它们常和比较运算符一起使用，用来表示复杂的逻辑条件。这些运算要涉及多个变量，而且常用于if、while和for语句。JavaScript支持的逻辑运算符包括逻辑与（&&）、逻辑或（||）和逻辑非（!）。

4.8.1 课堂小实例——逻辑与运算符

逻辑与运算符（&&）要求左右两个操作数的值都必须是布尔值。逻辑与运算符可以对左右两个操作数进行AND运算，只有左右两个操作数的值都为真（true）时，才会返回true。如果其中一个或两个操作数的值为假（false），其返回值都为false。

实例说明：

```
<script  language="javascript">
var x= 5;              //将5赋值给x
var y= 5;              //将5赋值给y
var z= 2;              //将2赋值给z
if(x==y &&y==z)
{
document.write( "true" )
}
else
{ document.write  ( "false" ) }
</script>
```

x和y都等于5，z等于2，所以y并不等于z，运行代码的效果如图4-20所示。

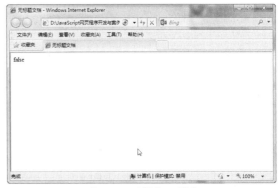

图4-20 逻辑与运算符

4.8.2 课堂小实例——逻辑或运算符

逻辑或运算符（||）要求左右两个操作数的值都必须是布尔值。逻辑或运算符可以对左右两个操作数进行OR运算，只有左右两个操作数的值都为假（false）时，才会返回false。如果其中一个或两个操作数的值为真（true），其返回值都为true。

基本语法：

```
result = expression1 || expression2
```

result是任何变量。

expression1是任何表达式。

expression2是任何表达式。

实例说明：

```
<script  language="javascript">
var x= 5;
var y= 5;
var z= 2;
if(x==y || y==z)
{
document.write( "true" )
}
else
{
document.write  ( "false" )
}
</script>
```

x和y都等于5，执行逻辑或运算符的效果如图4-21所示。

图4-21　逻辑或运算符

▌4.8.3　课堂小实例——逻辑非运算符

JavaScript中逻辑"非"运算符（!）是对一个表达式执行逻辑非运算。

基本语法：

```
result = !expression
```

其中result是任何变量。

expression是任何表达式。

逻辑非运算符（!）是一个一元运算符，要求将操作数放在运算符之后，并且操作数的值必须是布尔型。逻辑非运算符可以对操作数进行取反操作，如果运算数的值为true，取反操作之后的结果为false；如果运算数的值为false，取反操作之后的结果为true。例如：

```
!true=false
!false=true
```

4.9 位运算符

位操作是程序设计中对位模式按位或二进制数的一元和二元操作。 在许多古老的微处理器上，位运算比加减运算略快，通常位运算比乘除法运算要快很多。例如，十进制的9就是二进制的1001。位操作符在执行的时候会以二进制形式进行操作，但返回的值仍是标准的JavaScript数值。

▌4.9.1　课堂小实例——位与运算符

位与运算符（&）是一个二元运算符，该运算符可以将左右两个操作数逐位执行AND操作，即只有两个操作数中相对应的位都为1时，该结果中的这一位才为1，否则为0。

即0&0=0；0&1=0；1&0=0；1&1=1

实例说明：

```javascript
<script language="javascript">
<!--
var expr1 = 9;
var expr2 = 15;
var result = expr1 & expr2;
document.write(result);
-->
</script>
```

在进行位与操作时，位与运算符会先将十进制的操作数转化为二进制，在将二进制中的每一位数值逐位进行AND操作，得出结果将转

化为十进制，9对应的二进制数是1001，15对应的二进制数是1111（1001&1111=1001），所以运行代码的结果为9，如图4-22所示。

图4-22　位与运算符

4.9.2　课堂小实例——位或运算符

位或运算符用符号（|）表示，位或操作符是对两个操作数进行或操作，因此对于每一位来说，0|0=0，0|1=1，1|0=1，1|1=1。例如：

```javascript
<script language="javascript">
<!--
var expr1 = 9;
var expr2 = 15;
var result = expr1 | expr2;
document.write(result);
-->
</script>
```

9对应的二进制数是1001，15对应的二进制数是1111（1001 | 1111 = 1111），所以运行代码的结果为15，如图4-23所示。

图4-23　位或运算符

4.9.3　课堂小实例——位异或运算符

"异或"运算符(^)将第一操作数的每个位与第二操作数的相应位进行比较。如果一个位是0，另一个位是1，则相应的结果位将设置为1。否则，将对应的结果位设置为0。例如：

```javascript
<script language="javascript">
<!--
var expr1 = 9;
var expr2 = 15;
var result = expr1 ^ expr2;
document.write(result);
-->
</script>
```

9对应的二进制数是1001，15对应的二进制数是1111（1001 ^ 1111 = 0110），所以运行代码的结果为6，如图4-24所示。

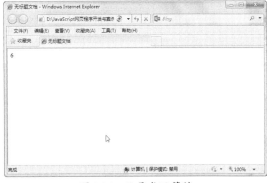

图4-24　位异或运算符

4.9.4　课堂小实例——位非运算符

位非操作符用一个波浪线（~）表示，执行位非操作的结果就是返回数值的反码。位非运算符（~）是单模运算符，它和汇编程序里的按位取非操作的结果是一样的。它所做的操作就是把1换成0，再把0换成1，~0=1，~I=0。例如：

```javascript
<script language="javascript">
<!--
var iNum1 = 6;          //6 二进制数等于00000110
var iNum2 = ~iNum1;     //转换二进制数取非为11111001
document.write(iNum2);
-->
</script>
```

6的二进制数等于00000110，转换二进制数取非为11111001，所以运行代码的结果为-7，如图4-25所示。

图4-25　位非运算符

4.9.5　课堂小实例——左移运算符

左移操作符（<<）是双模操作符，它和汇编程序里的左移运算是一样的。它是对左操作数进行向左移位的操作，右操作数给出了要移动的位数，在移位的过程中，左操作数的最低位用0补充。例如：

```javascript
<script language="javascript">
<!--
var iOld = 9;            //9等于二进制1001
var iNew = iOld << 2;    //向左移两位变成100100
document.write(iNew);
-->
</script>
```

因为9对应的二进制数是1001，向左移两位变成100100，所以运行代码的结果为36，如图4-26所示。

图4-26　左移运算符

4.9.6 课堂小实例——带符号右移运算符

右移运算符（>>）也是双模操作符，它和左移操作符有点相似。它对左操作数进行右移位操作，右操作数给出了要移动的位数。不过在移位的过程中，是丢弃移出的位，而左边用0填充（负数用1填充）。例如：

```
<script language="javascript">
<!--
var iOld = 9;            //9等于二进制 1001
var iNew = iOld >> 2;    //向左移两位变成10
document.write(iNew);
-->
</script>
```

因为9对应的二进制数是1001，右移两位变成10，所以运行代码的结果为2，如图4-27所示。

图4-27　带符号右移运算符

4.10 课后练习

1．填空题

（1）运算符是一种用来处理数据的符号，日常算数中所用到的_____、_____、_____、_____都属于运算符。

（2）_____又称比较运算符，它是反映操作数之间关系的一类运算符的总称。这类运算符通常是双目的，并且返回的表达式值类型为布尔型。

（3）_____的作用是给一个变量赋值，即将某个数值指定给某个变量。JavaScript的_____不仅可用于改变变量的值，还可以和其他一些运算符联合使用，构成混合赋值运算符。

2．问答题

比较运算符"=="与赋值运算符"="的不同之处在于什么地方？

第5章
JavaScript程序核心语法

本章导读

JavaScript中的函数本身就是一个对象，而且可以说是最重要的对象。之所以称之为最重要的对象，一方面它可以扮演像其他语言中的函数角色，可以被调用，可以被传入参数。另一方面它还被作为对象的构造器来使用，可以结合new操作符来创建对象。

技术要点

◎ 函数
◎ 函数的定义
◎ 使用选择语句
◎ 使用循环语句

实例展示

禁止鼠标右键效果

5.1 函数

函数是JavaScript中最灵活的一种对象，函数是由事件驱动的或者当它被调用时执行的可重复使用的代码块。JavaScript提供了许多函数来供开发人员使用。

5.1.1 什么是函数

JavaScript中的函数是可以完成某种特定功能的一系列代码的集合，在函数被调用前，函数体内的代码并不执行，即独立于主程序。编写主程序时不需要知道函数体内的代码如何编写，只需要使用函数方法即可。可把程序中大部分功能拆解成一个个函数，使程序代码结构清晰，易于理解和维护。函数的代码执行结果不一定是一成不变的，可以通过向函数传参数，以解决不同情况下的问题，函数也可返回一个值。

函数是进行模块化程序设计的基础，编写复杂的应用程序，必须对函数有更深入的了解。JavaScript中的函数不同于其他的语言，每个函数都是作为一个对象被维护和运行的。通过函数对象的性质，可以很方便地将一个函数赋值给一个变量或者将函数作为参数传递。在继续讲述之前，先看一下函数的使用语法：

```
function func1(…){…}
var func2=function(…){…};
var func3=function func4(…){…};
var func5=new Function();
```

这些都是声明函数的正确语法。

可以用function关键字定义一个函数，并为每个函数指定一个函数名，通过函数名来进行调用。在JavaScript解释执行时，函数都是被维护为一个对象，这就是要介绍的函数对象（Function Object）。

函数对象与其他用户所定义的对象有着本质的区别，这一类对象被称之为内部对象，例如日期对象（Date）、数组对象（Array）、字符串对象（String）都属于内部对象。这些内部对象的构造器是由JavaScript本身所定义的：通过执行new Array()这样的语句返回一个对象，JavaScript内部有一套机制来初始化返回的对象，而不是由用户来指定对象的构造方式。

函数就是包裹在花括号中的代码块，下面使用关键词function：

```
function functionname()
{
这里是要执行的代码
}
```

当调用该函数时，会执行函数内的代码。

可以在某事件发生时直接调用函数（比如当用户单击按钮时），并且可由JavaScript 在任何位置进行调用。

5.1.2 理解函数的参数传递

在调用函数时，可以向其传递值，这些值被称为参数。这些参数可以在函数中使用，可以发送任意多的参数，由逗号分隔。

```
myFunction(argument1,argument2)
```

当声明函数时，需要把参数作为变量来声明。

```
function myFunction(var1,var2)
{
这里是要执行的代码
}
```

变量和参数必须以一致的顺序出现。第一个变量就是第一个被传递的参数的给定的值，以此类推。例如：

```
<button onclick="myFunction('丽丽','老板')">点击这里</button>
<script>
function myFunction(name,job)
{
alert("欢迎 " + name + "," + job);
}
</script>
```

上面的函数会在按钮被单击时，提示"欢迎 丽丽，老板"，运行代码的效果如图5-1所示。

图5-1　调用带参数的函数

5.1.3 函数中变量的作用域和返回值

有时，我们会希望函数将值返回到调用它的地方。通过使用return语句就可以实现这一目的。在使用return语句时，函数会停止执行，并返回指定的值。语法如下：

```
function myFunction()
{
var x=5;
return x;
}
```

整个JavaScript并不会停止执行，停止的仅仅是函数。JavaScript将继续执行代码，即从调用函数的地方开始执行。函数调用将被返回值5取代。

实例代码：

```
<!doctype html>
<html>
<head>
<meta charset="utf-8">
<title>无标题文档</title>
</head>
<body>
<p>返回结果：</p>
<p id="jie"></p>
<script>
function myFunction(a,b)
{
return a*b;
}
document.getElementById("jie").
innerHTML=myFunction(2,3);
</script>
</body>
</html>
```

本例调用的函数会执行一个乘法计算，然后返回运行结果6，效果如图5-2所示。

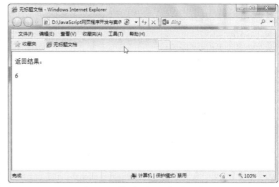

图5-2　带有返回值的函数

5.2 函数的定义

使用函数首先要学会如何定义，JavaScript的函数属于Function对象，因此可以使用Function对象的构造函数来创建一个函数。同时也可以使用Function关键字以普通的形式来定义一个函数。下面就讲述函数的定义方法。

5.2.1 函数的普通定义方式

普通定义方式是使用关键字function，这也是最常用的方式，形式上跟其他的编程语言一样，语法格式如下。

基本语法：

```
Function 函数名（参数1，参数2，……）
{  [语句组]
Return   [表达式]
}
```

语法解释：

- function：必选项，定义函数用的关键字。
- 函数名：必选项，合法的JavaScript标识符。
- 参数：可选项，合法的JavaScript标识符，外部的数据可以通过参数传送到函数内部。
- 语句组：可选项，JavaScript程序语句，当为空时函数没有任何动作。
- return：可选项，遇到此指令函数执行结束并返回，当省略该项时函数将在右花括号处结束。

● 表达式：可选项，其值作为函数返回值。

实例代码：

```
<!doctype html>
<html>
<head>
<meta charset="utf-8">
<title>无标题文档</title>
<script type="text/javascript">
function displaymessage()
{
alert("欢迎你！");
}
</script>
</head>
<body>
<form>
<input type="button" value="单击弹出窗口" onClick="displaymessage()" />
</form>
</body>
</html>
```

这段代码首先在JavaScript内建立一个displaymessage()显示函数。在正文文档中插入一个按钮，当单击按钮时，显示"欢迎你！"。运行代码在浏览器中预览的效果如图5-3所示。

图5-3　函数的应用

5.2.2　函数的变量定义方式

在JavaScript中，函数对象对应的类型是Function，正如数组对象对应的类型是Array，日期对象对应的类型是Date一样，可以通过new Function()来创建一个函数对象，语法如下。

```
Var 变量名=new Function（[参数1，参数2，……]，函数体）;
```

语法解释：

● 变量名：必选项，代表函数名，是合法的JavaScript标识符。

● 参数：可选项，作为函数参数的字符串，必须是合法的JavaScript标识符，当函数没有参数时可以忽略此项。

● 函数体：可选项，一个字符串。相当于函数体内的程序语句系列，各语句之间使用分号隔开。

用new Function()的形式来创建一个函数是不常见的，因为一个函数体通常会有多条语句，如果将它们以一个字符串的形式作为参数传递，其代码的可读性差。

实例代码：

```
<script language="javascript">
var circularityArea = new Function( "r", "return r*r*Math.PI" );  // 创建一个
函数对象
var rCircle =3;                         // 给定圆的半径
var area = circularityArea(rCircle);            // 使用求圆面积的函数求面积
document.write( "半径为3的圆面积为：" + area );   // 输出结果
</script>
```

该代码使用变量定义方式来定义一个求圆面积的函数，设定一个半径为3的圆并求其面积。运行代码，在浏览器中预览的效果如图5-4所示。

图5-4　函数的应用

▌5.2.3　函数的指针调用方式

在前面的代码中，函数的调用方式是最常见的，但是JavaScript中函数调用的形式比较多，非常灵活。有一种重要的，在其他语言中也经常使用的调用形式叫作回调，其机制是通过指针来调用函数。回调函数按照调用者的约定实现函数的功能，由调用者调用。通常使用在自己定义功能而由第三方去实现的场合，下面举例说明，代码如下。

```
<script language="javascript">
function SortNumber( obj, func )              // 定义通用排序函数
{ // 参数验证、如果第一个参数不是数组或第二个参数不是函数则抛出异常
if( !(obj instanceof Array) || !(func instanceof Function))
{
var e = new Error();                     // 生成错误信息
e.number = 100000;                       // 定义错误号
e.message = "参数无效";                   // 错误描述
throw e;                                 // 抛出异常
}
for( n in obj )                          // 开始排序
{
for( m in obj )
{ if( func( obj[n], obj[m] ) )           // 使用回调函数排序、规则由用户设定
{
var tmp = obj[n];
obj[n] = obj[m];
obj[m] = tmp;
```

```
    }
    }
    }
    return obj;                                    // 返回排序后的数组
    }
    function greatThan( arg1, arg2 )               // 回调函数, 用户定义的排序规则
    {   return arg1 < arg2;                        // 规则: 从大到小
    }
    try
    {   var numAry = new Array(4,16,17,6,22,55,99,86 );   // 生成一数组
    document.write("<li>排序前: "+numAry);             // 输出排序前的数据
    SortNumber( numAry, greatThan )                   // 调用排序函数
    document.write("<li>排序后: "+numAry);             // 输出排序后的数组
    }
    catch(e)
    {   alert( e.number+": "+e.message );               // 异常处理
    }
    </script>
```

这段代码演示了回调函数的使用方法。首先定义一个通用排序函数SortNumber(obj, func), 其本身不定义排序规则, 规则交由第三方函数实现。接着定义一个greatThan(arg1, arg2)函数, 其内创建一个以小到大为关系的规则。document.write("<li>排序前: "+numAry)输出未排序的数组。接着调用SortNumber(numAry, greatThan)函数排序。运行代码, 在浏览器中预览的效果如图5-5所示。

图5-5　函数的指针调用方式

5.3 使用选择语句

选择语句就是通过判断条件来选择执行的代码块。JavaScript中选择语句有if语句和switch语句两种。

5.3.1　课堂小实例——if选择语句

If 语句是只有当指定条件为true时, 该语句才会执行代码。

基本语法:

```
if (条件)
{
条件成立时执行代码
}
```

实例代码：

```
<!doctype html>
<html>
<head>
<meta charset="utf-8">
<title>无标题文档</title>
</head>
<body>
<script type="text/javascript">
var vText = "Good";
var vLen = vText.length;
if (vLen < 10)
{
document.write("<p> 该字符串长度小于10。</p>")
}
</script>
</body>
</html>
```

本实例用到了JavaScript的if条件语句。首先用length计算出字符串Good day的长度，然后使用if语句进行判断，如果该字符串长度<10，就显示"该字符串长度小于10"，运行代码的效果如图5-6所示。

图5-6 if选择语句

5.3.2 课堂小实例——if…else选择语句

如果希望条件成立时执行一段代码，而条件不成立时执行另一段代码，那么可以使用 if…else 语句。if…else语句是JavaScript中最基本的控制语句，通过它可以改变语句的执行顺序。

基本语法：

```
if (条件)
{
条件成立时执行此代码
}
else
{
条件不成立时执行此代码
}
```

这句语法的含义是，如果符合条件，则执行if语句中的代码，反之，则执行else语句中的代码。

实例代码：

```
<!doctype html>
<html>
<head>
<meta charset="utf-8">
<title>无标题文档</title>
</head>
<body>
<script language="javascript">
var hours = 3;                              //  设定当前时间
if( hours < 7 )                             //  如果不到7点则执行以下代码
{
document.write( "当前时间是 " + hours + " 点，还没到 7 点，你可以继续休息！");
}
</script>
</body>
</html>
```

使用var hours=3定义一个变量hours来表示当前时间，其值设定为3。接着使用一个if语句判断变量hours的值是否小于7，小于7则执行if块花括号中的语句，即弹出一个提示框显示"当前时间3点，还没到7点，你可以继续休息"。运行代码的效果如图5-7所示。

图5-7　if-else选择语句

5.3.3　课堂小实例——if…else…if…选择语句

当需要选择多套代码中的一套来运行时，可以使用 if…else…if…语句。

基本语法：

```
if (条件 1)
{
当条件 1 为 true 时执行的代码
}
else if (条件 2)
{
当条件 2 为 true 时执行的代码
}
else
{
当条件 1 和 条件 2 都不为 true 时执行的代码
}
```

实例代码：

```
<!doctype html>
<html>
<head>
<meta charset="utf-8">
<title>无标题文档</title>
</head>
<body>
<script type="text/javascript">
var d = new Date();
var time = d.getHours();
if (time<10)
{
document.write("<b>早上好! </b>");
}
else if (time>10 && time<16)
{
document.write("<b>中午好</b>");
}
else
{
```

```
document.write("<b>下午好!</b>");
}
</script>
</body>
</html>
```

如果时间小于10点，则将发送问候"早上好"，如果时间小于16点且大于10点，则发送问候"中午好"，否则发送问候"下午好"，运行代码的效果如图5-8所示。

图5-8　If...else if...else选择语句

5.3.4　课堂小实例——switch多条件选择语句

如果希望选择执行若干代码块中的一个，你可以使用 switch 语句。使用switch语句时，表达式的值将与每个case语句中的常量做比较。如果相匹配，则执行该case语句后的代码；如果没有一个case的常量与表达式的值相匹配，则执行default语句。当然，default语句是可选的。如果没有相匹配的case语句，也没有default语句，则什么也不执行。

基本语法：

```
switch(n)
{
case 1:
执行代码块 1
break
case 2:
执行代码块 2
break
default:
如果n既不是1也不是2，则执行此代码
}
```

语法解释：

switch后面的 (n)可以是表达式，也可以（并通常）是变量。然后表达式中的值会与case中的数字做比较，如果与某个case相匹配，那么其后的代码就会被执行。

实例代码：

```
<!doctype html>
<html>
<head>
<meta charset="utf-8">
<title>无标题文档</title>
</head>
<body>
<script type="text/javascript">
var d = new Date()
theDay=d.getDay()
switch (theDay)
{
case 5:
document.write("<b>今天星期五了。</b>")
break
case 6:
document.write("<b>星期天啦！</b>")
break
default:
document.write("<b>周末又过完了啊！</b>")
}
</script>
</body>
</html>
```

本实例使用了switch条件语句，根据星期天数的不同，显示不同的输出文字。运行代码的效果如图5-9所示。

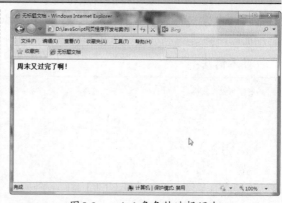

图5-9　switch多条件选择语句

5.4 使用循环语句

在不少实际问题中有许多具有规律性的重复操作，因此在程序中就需要重复执行某些语句。一组被重复执行的语句称之为循环体，能否继续重复执行，决定循环的终止条件。循环语句是由循环体及循环的终止条件两部分组成的。

5.4.1 课堂小实例——for循环语句

遇到重复执行指定次数的代码时，使用for循环比较合适。在执行for循环体中的语句前，有3个语句将得到执行，这3个语句的运行结果将决定是否要进入for循环体。

基本语法：

```
for（初始化；条件表达式；增量）
{
语句集；
……
}
```

语法说明：

初始化总是一个赋值语句，它用来给循环控制变量赋初值；条件表达式是一个关系表达式，它决定什么时候退出循环；增量定义循环控制变量每循环一次后按什么方式变化。这3个部分之间用";"分开。

实例代码：

```
<!doctype html>
<html>
<head>
<meta charset="utf-8">
<title>无标题文档</title>
</head>
<body>
<p>点击显示循环次数：</p>
<button onclick="myFunction()">点击
</button>
<p id="demo"></p>
<script>
```

```
function myFunction()
{
var x="";
for (var i=0;i<5;i++)
    {
    x=x + "循环次数 " + i + "<br>";
    }
document.getElementById("demo").
innerHTML=x;
}
</script>
</body>
</html>
```

在循环开始之前设置变量（var i=0），接着定义循环运行的条件（i必须小于5），在每次代码块已被执行后增加一个值(i++)，运行代码的效果如图5-10所示。

图5-10 for循环语句

提 示

> for循环的写法非常灵活，圆括号中的语句可以用来写出技巧性很强的代码，读者可以自行实验。

5.4.2 课堂小实例——while循环语句

while结构循环为当型循环（when type loop），一般用于不知道循环次数的情况。维持循环的是一个条件表达式，当条件成立时则执行循环体，当条件不成立时则退出循环。

基本语法：

```
while（条件表达式）{
语句组；
……
}
```

语法解释：

- 条件表达式：必选项，以其返回值作为进入循环体的条件。无论返回什么样类型的值，都被作为布尔型处理，为真时进入循环体。
- 语句组可选项，由一条或多条语句组成。

在while循环体重复操作while的条件表达，使循环到该语句时就结束。

实例代码：

```
<script language="javascript">
var num = 1;
while( num < 50 )
{document.write( num + " " );
num++;}
</script>
```

使用num是否小于50的条件来决定是否进入循环体，num++递增num，当其值达到50后循环将结束，运行的结果如图5-11所示。

图5-11　使用While语句

5.4.3　课堂小实例——do-while循环语句

do…while语句结构为直到型循环（until type loop），也用于不知道循环次数的情况。do…while和while的区别在于do…while结构是执行完一遍循环体再判断条件。

基本语法：

```
do
   { 语句组； }
while (条件);
```

实例代码：

```
<!doctype html>
<html>
<head>
<meta charset="utf-8">
<title>无标题文档</title>
</head>
<body>
<p>只要 i 小于10 就一直循环代码块。</p>
<button onclick="myFunction()">点击我循环</button>
<p id="demo"></p>
<script>
function myFunction()
{var x="",i=0;
do
{x=x + "循环次数 " + i + "<br>";i++;}
while (i<10)
document.getElementById("demo").innerHTML=x;
}
```

```
</script>
</body>
</html>
```

使用do—while循环，该循环至少会被执行一次，即使条件是false，隐藏代码块会在条件被测试前执行，只要i小于10就一直循环执行代码块，运行代码的效果如图5-12所示。

图5-12   do-while循环语句

5.4.4　课堂小实例——break和continue跳转语句

continue与break的区别是：break是彻底结束循环，而continue是结束本次循环。

1. break 语句

break语句可用于跳出循环，break语句跳出循环后，会继续执行该循环之后的代码。

实例代码：

```
<!doctype html>
<html>
<head>
<meta charset="utf-8">
<title>无标题文档</title>
</head>
<body>
<p>break语句的循环。</p>
<button onclick="myFunction()">点击我</button>
<p id="demo"></p>
<script>
function myFunction()
{
var x="",i=0;
for (i=0;i<5;i++)
{
if (i==3)
{ break; }
x=x + "循环次数 " + i + "<br>";}
document.getElementById("demo").innerHTML=x;
}
</script>
```

```
</body>
</html>
```

当i==3时，使用break语句停止循环，运行代码的效果如图5-13所示。

图5-13　break语句

2. continue跳转语句

continue语句的作用为结束本次循环，接着进行下一次是否执行循环的判断。continue语句只能用在while语句、do/while语句、for语句、或者for-in语句的循环体内，在其他地方使用都会引起错误。

实例代码：

```
<!doctype html>
<html>
<head>
<meta charset="utf-8">
<title>无标题文档</title>
</head>
<body>
<p>点击按钮来执行循环，该循环会跳过i=5。</p>
<button onclick="myFunction()">点击我</button>
<p id="demo"></p>
<script>
function myFunction()
{
var x="",i=0;
for (i=0;i<10;i++)
{if (i==5)
{ continue; }
x=x + "循环次数 " + i + "<br>";}
document.getElementById("demo").innerHTML=x;}
</script>
</body>
</html>
```

本实例跳过了值5，运行代码的效果如图5-14所示。

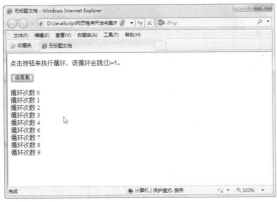

图5-14　continue跳转语句

5.5　实战应用——禁止鼠标右击

在一些网页上，当用户单击鼠标右键时会弹出警告窗口或者直接没有任何反应。禁止鼠标右击的具体操作步骤如下。

（1）使用Dreamweaver CC 打开网页文档，如图5-15所示。

（2）打开拆分视图，在\<head\>和\</head \>之间相应的位置输入以下代码，如图5-16所示。

```javascript
<script language=javascript>
function click() {
if (event.button==2) {
alert('禁止右键!') }}
function CtrlKeyDown(){
if (event.ctrlKey) {
alert('禁止使用右键拷贝!') }}
document.onkeydown=CtrlKeyDown;
document.onmousedown=click;
</script>
```

图5-15　打开网页文档

图5-16　输入代码

（3）保存文档，在浏览器中预览效果，如图5-17所示。

图5-17　禁止鼠标右键效果

5.6 课后练习

1. 填空题

（1）JavaScript中提供了多种用于程序流程控制的语句，这些语句可以分为_____和_____两大类。

（2）有时，我们会希望函数将值返回调用它的地方。通过使用_____就可以实现。在使用_____时，函数会停止执行，并返回指定的值。

（3）选择语句就是通过判断条件来选择执行的代码块。JavaScript中的选择语句有_____、_____两种。

2. 操作题

利用当你打开的页面，根据当前的时间使页面上出现相应的问候语"上午好"，如图5-18所示。

图5-18　问候语句"上午好"

第6章
JavaScript核心对象

本章导读

JavaScript的核心对象是按照ECMAScript标准定义的一些对象与函数，在JavaScript语言中可以直接使用。对象就是一种数据结构，包含了各种命名好的数据属性，而且还可以包含对这些数据进行操作的方法函数，一个对象将数据与方法组织到一个灵巧的对象包中，这样就大大增强了代码的模块性和重用性，从而使程序设计更加容易，更加轻松。

技术要点

◎ 面向对象编程的简单概念

◎ 对象应用

◎ JavaScript的对象层次

实例展示

显示当前时间效果

6.1 面向对象编程的简单概念

面向对象（Object Oriented，OO）是软件开发的方法。面向对象的概念和应用已超越了程序设计和软件开发的范围，已经扩展到如数据库系统、交互式界面、应用结构、应用平台、分布式系统、网络管理结构、CAD技术、人工智能等领域。

6.1.1 什么是面向对象

JavaScript是一种面向对象的动态脚本语言，是一种基于对象和事件驱动并具有安全性能的脚本语言。它具有面向对象语言所特有的各种特性，比如封装、继承及多态等。但对于大多数人来说，我们只把JavaScript作为一个函数式语言，只把它用于一些简单的前端数据输入验证以及实现一些简单的页面动态效果等，没能完全把握动态语言的各种特性。

在很多优秀的Ajax框架中，如JQuery等，大量使用了JavaScript的面向对象特性，要使用好ext技术，JavaScript的高级特性，面向对象语言特性必须完全把握的。

JavaScript核心对象包括Array、Boolean、Date、Function、Math、Number、Object和String。这些对象同时适用于客户端和服务器端的JavaScript。

核心对象如表6-1所示。

表6-1　核心对象

对　　象	描　　述
Array	表述数组
Boolean	表述布尔值
Date	表述日期
Function	指定了一个可编译为函数的字符串JavaScript代码
Math	提供了基本的数学常量和函数；如其PI属性包含了 π 的值
Number	表述实数数值
Object	包含了由所有JavaScript对象共享的基本功能
RegExp	表述了一个正则表达式；同时包含了由所有正则表达式对象的共享的静态属性
String	表述了一个JavaScript字符串

6.1.2　如何创建对象

JavaScript中的几乎所有事务都是对象：字符串、数字、数组、日期、函数等。

基本语法：

```
var object=new objectname();
```

- var是声明对象变量。
- object是对象的名称。
- new是JavaScript关键词。
- objectname是构造函数的名称。

实例代码：

```html
<!doctype html>
<html>
<head>
<meta charset="utf-8">
<title>无标题文档</title>
</head>
<body>
<script>
person=new Object();
person.name="轩轩";
person.age=2;
document.write(person.name + "已经"
+ person.age + " 岁了。");
</script>
</body>
</html>
```

本例创建名为"person"的对象，并为其添加了person.name="轩轩"和person.age=2属性，预览代码的效果如图6-1所示。

图6-1　创建对象

6.1.3　对象的属性

JavaScript中的对象是由属性和方法两个基本的元素构成的。

一个网页可以被看作一个对象，包含背景颜色、前景颜色等特性，同时包含打开、关闭等动作。

对象包含以下两个要素。

用来描述对象特性的一组数据，也就是若干变量，称为属性。

用来操作对象特性的若干动作，也就是若干函数，称为方法。

属性是与对象相关的值，可以采用这样的方法来访问对象的属性：对象名称.属性名称，例如：

```
mycomputer.year=2014,
mycomputer.owner ="me"。
```

实例代码：

```javascript
<script>
var message="good";
var x=message.length;
document.write(x);
</script>
```

本例使用String对象的length属性来查找字符串的长度，运行代码的效果如图6-2所示。

图6-2　查找字符串长度

6.1.4　对象的方法

方法是能够在对象上执行的动作，可以通过下面的语法调用方法。

```
objectName.methodName()
```

实例代码：

```
<script>
var message="good";
var x=message.toUpperCase();
document.write(x);
</script>
```

图6-3　文本转换为大写

本实例使用String对象的toUpperCase()方法来把文本转换为大写，运行代码的效果如图6-3所示。

6.2 对象应用

每个对象有它自己的属性、方法和事件。对象的属性是反映该对象某些特定性质的，例如字符串的长度、图像的长宽、文字框里的文字等；对象的方法能对该对象做一些事情，例如表单的"提交"（Submit），窗口的"滚动"（Scrolling）等；而对象的事件能响应发生在对象上的事情，例如提交表单产生表单的"提交事件"，单击链接产生的"点击事件"。不是所有的对象都有以上3个性质，有些没有事件，有些只有属性。

6.2.1 课堂小实例——声明和实例化

在定义类时，只是通知编译器需要准备多大的内存空间，并没有为它分配内存空间。只有在用类创建了对象后，才会真正占用内存空间。

1. 声明对象

对象的声明和基本类型的数据声明在形式上是一样的。对象名也是用户标识符，和基本类型的变量遵循同样的命名规则和使用规则。

声明一个变量，并不会分配一个完整的对象所需要的内存空间，只是将对象名所代表的变量看成是一个引用变量，并为它分配所需内存空间，它所占用的空间远远小于一个类的对象所需要的空间。

2. 实例化对象

用new关键字创建一个新对象，即进行实例化。

实例化的过程就是为对象分配内存空间的过程，此时，对象才成为类的实例。new所执行的具体操作是调用相应类中的构造方法（包括祖先类的构造方法），来完成内存分配以及变量的初始化工作，然后将分配的内存地址返回给所定义的变量。

例如要创建一个student（学生）对象，每个对象又有这些属性：name（姓名）、address（地址）、phone（电话），则在JavaScript中可使用自定义对象。下面分步进行讲解。

（1）首先定义一个函数来构造新的对象student，这个函数成为对象的构造函数。

```
function student(name,address,phone)        //定义构造函数
{
    this.name=name;                         //初始化姓名属性
    this.address=address;                   //初始化地址属性
    this.phone=phone;                       //初始化电话属性
}
```

（2）在student对象中定义一个printstudent方法，用于输出学生信息。

```
Function printstudent()                              //创建printstudent函数的定义
{
    line1="name:"+this.name+"<br>\n";                //读取name信息
    line2="address:"+this.address+"<br>\n";          //读取address信息
    line3="phone:"+this.phone+"<br>\n"               //读取phone信息
    document.writeln(line1,line2,line3);             //输出学生信息
}
```

（3）修改student对象，在student对象中添加printstudent函数的引用。

```
function student(name,address,phone)                 //构造函数
{
    this.name=name;                                  //初始化姓名属性
    this.address=address;                            //初始化地址属性
    this.phone=phone;                                //初始化电话属性
    this.printstudent=printstudent;                  //创建printstudent函数的定义
}
```

（4）即实例化一个student对象并使用。

```
tom=new student("轩轩","新华路156号","010-1234567";    // 创建轩轩的信息
tom.printstudent()                                    // 输出学生信息
```

上面分步讲解是为了更好地说明一个对象的创建过程，但真正的应用开发则要一气呵成，灵活设计。

实例代码：

```
<script language="javascript">
function student(name,address,phone)
{
this.name=name;                                      // 初始化学生信息
this.address=address;
this.phone=phone;
this.printstudent=function()                         // 创建printstudent函数的定义
{
line1="Name:"+this.name+"<br>\n";        // 输出学生信息
line2="Address:"+this.address+"<br>\n";
line3="Phone:"+this.phone+"<br>\n"
document.writeln(line1,line2,line3);
}
}
tom=new student("轩轩","新华路156号","010-1234567";     //创建轩轩的信息
tom.printstudent()                                    // 输出学生信息
</script>
```

该代码是声明和实例化一个对象的过程。首先使用function student()定义了一个对象类构造函数student，包含3种信息，即3个属性姓名、地址和电话。最后两行创建一个学生对象并输出其中的信息。This关键字表示当前对象即由函数创建的那个对象。运行代码在浏览器中预览，效果如图6-4所示。

图6-4　实例效果

6.2.2　课堂小实例——对象的引用

JavaScript为我们提供了一些非常有用的常用内部对象和方法。用户不需要用脚本来实现这些功能。这正是基于对象编程的真正目的。

对象的引用其实就是对象的地址，通过这个地址可以找到对象的所在。对象的来源有如下几种方式。通过取得它的引用即可对它进行操作，例如调用对象的方法或读取或设置对象的属性等。

● 引用JavaScript内部对象。

● 由浏览器环境中提供。

● 创建新对象。

这就是说一个对象在被引用之前，这个对象必须存在，否则引用将毫无意义，而出现错误信息。从上面我们可以看出，JavaScript引用对象可通过3种方式获取。要么创建新的对象，要么利用现存的对象。

实例代码：

```
<script language="javascript">
var date;                               //声明变量
date=new date();                        //创建日期对象
date=date.toLocaleString( );            //将日期转换为本地格式
alert( date );                          //输出日期
</script>
```

这里的变量date引用了一个日期对象，使用date=date.toLocaleString( )通过date变量调用日期对象的tolocalestring方法将日期信息以一个字符串对象的引用返回，此时date的引用已经发生了改变，指向一个string对象。运行代码在浏览器中预览，效果如图6-5所示。

图6-5　对象的引用

6.2.3 对象的废除

把对象的所有引用都设置为null，可以强制性地废除对象。例如：

```
Var Object=new Object();
// 程序逻辑
Object=null;
```

当变量Object设置为null后，对第一个创建的对象的引用就不存在了。这意味着在下次运行无用存储单元收集程序时，该对象将被销毁。

每用完一个对象后，就将其废除，来释放内存，这是个好习惯。这样还确保不再使用已经不能访问的对象，从而防止程序设计错误的出现。

6.2.4 课堂小实例——对象的早绑定和晚绑定

所谓绑定，即把对象的接口与对象实例结合在一起的方法。

早绑定是指在实例化对象之前定义它的特性和方法，这样编译器或解释程序能提前转换及其代码。JavaScript不是强类型语言，不支持早绑定。

晚绑定（late binding）指的是编译器或解释程序在运行之前不知道对象的类型。使用晚绑定，无须检查对象的类型，只需要检查对象是否支持特性和方法即可。JavaScript所有变量都是使用晚绑定方法。

在函数的作用域中，所有变量都是"晚绑定"的，即声明是顶级的。例如：

```
<script language="javascript">
var a = 'global';
(function () {
var a;
alert(a);
a = 'local';
})();
</script>
```

在alert(a)之前只对a作了声明而没有赋值，所以运行代码的效果如图6-6所示。

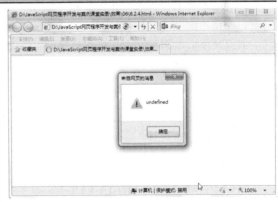

图6-6 对象的绑定

6.3 JavaScript的对象层次

JavaScript是一种面向对象的语言，在JavaScript中的对象都是有层次的。在本节里将讲述JavaScript的对象层次。

6.3.1　客户端对象层次介绍

文档对象是指在网页文档里划分出来的对象。在JavaScript能够涉及的范围内有如下对象：window、document、location、navigator、screen、history等。

JavaScript中的对象很多，这些对象并不是独立存在的，而是有着层次结构的。对象可以依照层次来进行调用。下面是一个文档对象树，如图6-7所示。

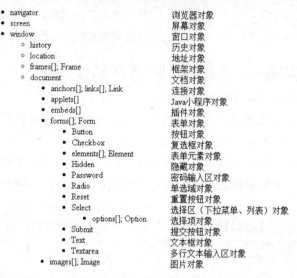

• navigator	浏览器对象
• screen	屏幕对象
• window	窗口对象
○ history	历史对象
○ location	地址对象
○ frames[]; Frame	框架对象
○ document	文档对象
■ anchors[]; links[]; Link	连接对象
■ applets[]	Java小程序对象
■ embeds[]	插件对象
■ forms[]; Form	表单对象
■ Button	按钮对象
■ Checkbox	复选框对象
■ elements[]; Element	表单元素对象
■ Hidden	隐藏对象
■ Password	密码输入区对象
■ Radio	单选域对象
■ Reset	重置按钮对象
■ Select	选择区（下拉菜单、列表）对象
■ options[]; Option	选择项对象
■ Submit	提交按钮对象
■ Text	文本框对象
■ Textarea	多行文本输入区对象
■ images[]; Image	图片对象

图6-7　对象的层次

6.3.2　浏览器对象模型

浏览器对象模型（Browser Object Model）尚无正式标准。由于现代浏览器已经实现了JavaScript交互性方面的相同方法和属性，因此常被认为是BOM的方法和属性。

1. Window对象

所有浏览器都支持window对象。它表示浏览器窗口。所有JavaScript全局对象、函数以及变量均自动成为window对象的成员。

甚至HTML DOM的document也是window对象的属性之一：

```
window.document.getelementbyId("header");
```

与此相同：

```
document.getelementbyId("header");Window 尺寸
```

2. Window尺寸

有3种方法能够确定浏览器窗口的尺寸（浏览器的视口，不包括工具栏和滚动条）。

对于Internet Explorer、Chrome、Firefox、Opera 以及 Safari：

● window.innerHeight – 浏览器窗口的内部高度
● window.innerWidth – 浏览器窗口的内部宽度

对于 Internet Explorer 8、7、6、5：

● document.documentElement.clientHeight
● document.documentElement.clientWidth

或者

● document.body.clientHeight

● document.body.clientWidth

3．其他Window方法

一些其他方法：

● window.open() - 打开新窗口

● window.close() - 关闭当前窗口

● window.moveTo() - 移动当前窗口

● window.resizeTo() - 调整当前窗口的尺寸

6.4 综合实战——显示当前时间

在很多的网页上都显示当前的时间，下面利用getHours()、getMinutes()、getSeconds()分别获得当前小时数、当前分钟数、当前秒数，然后给时间变量timer赋值，最后在文本框中显示当前时间，具体操作步骤如下。

（1）使用Dreamweaver CC打开网页文档，如图6-8所示。

（2）打开代码视图，在<head>和</head>之间相应的位置输入以下代码，如图6-9所示。

```
<script language="javascript">
function showtime()   //定义函数
{var now_time = new Date();   //创建时间对象的实例
var hours = now_time.getHours();   //获得当前小时数
var minutes =now_time.getMinutes();   //获得当前分钟数
var seconds = now_time.getSeconds();   //获得当前秒数
var timer = "" + ((hours > 12) ? hours - 12 : hours);//将小时数值赋予变量timer
timer  += ((minutes < 10) ? ":0" : ":") + minutes; //将分钟数值赋予变量timer
timer  += ((seconds < 10) ? ":0" : ":") + seconds; //将秒数值赋予变量timer
timer  +=" " + ((hours > 12) ? "pm" : "am");   //将am或pm赋予变量timer
document.clock.show.value = timer;   //在表单中输出变量timer的值
setTimeout("showtime()",1000); //每隔一秒钟自动调用一次showtime()函数
}</script>
```

图6-8　打开网页文档

图6-9　输入代码

◆ 由于通过用getHours()方法所获得的当前小时数是以24小时制所表示的，因此这里就做了一个判断，如果小时数大于12，就采用所获小时数减去12后的结果，否则就直接采用所获得的小时数。

◆ 使用"document.clock.show.value=timer;"，该语句的作用是在名为clock的表单中的show文本框中输出变量timer的值。

◆ 在<body> </body>标记中，使用<form>标记定义了一个表单，并用name属性为其命名，然后在<form>标记中又使用<input>标记定义了一个表单元素，即一个文本框，也使用name属性为其命名。

◆ setTimeout()方法是由windows对象所提供的，用来实现经过一定时间后自动进行指定处理。该语句的意思就是1秒后调用showtime()。由于setTimeout()方法中的时间是以毫秒为单位进行计算的，因此1000ms就等于1s。

（3）将光标放置在<body >标记内，输入代码onLoad="showtime()"，如图6-10所示。

（4）在<body>和</body>之间相应的位置输入以下代码，如图6-11所示。

```
<form name="clock" onSubmit="0">
<input type="text" name="show" size="15"> </form>
```

图6-10　输入代码　　　　　　　　　　　图6-11　输入代码

（5）保存文档，在浏览器中浏览效果，如图6-12所示。

图6-12　显示当前时间效果

6.5 课后练习

1. 填空题

（1）JavaScript中的对象是由_____和_____两个基本的元素构成的。

（2）把对象的所有引用都设置为_____，可以强制性地废除对象。

（3）浏览器对象模型（Browser Object Model）尚无正式标准。由于现代浏览器已经实现了JavaScript交互性方面的相同方法和属性，因此常被认为是_____的方法和属性。

2. 操作题

制作一个简单的JavaScript弹出窗口，如图6-13所示。

图6-13　JavaScript弹出窗口

第7章
JavaScript中的事件

本章导读

　　JavaScript使我们有能力创建动态页面。事件是可以被JavaScript侦测到的行为。网页中的每个元素都可以产生某些可以触发JavaScript函数的事件。比方说，我们可以在用户单击某按钮时产生一个onClick事件来触发某个函数。事件要在HTML页面中定义。

技术要点

◎ 事件与事件驱动
◎ 常见事件
◎ 其他常用事件
◎ 将事件应用于按钮中

实例展示

onresize页面大小事件

将事件应用于按钮中

7.1 事件驱动与事件处理

事件驱动是JavaScript响应用户操作的一种处理方式，而事件处理是JavaScript响应用户操作所调用的程序代码。

7.1.1 事件与事件驱动

JavaScript事件可以分为下面几种不同的类别。最常用的类别是鼠标交互事件，然后是键盘和表单事件。

以鼠标为例，在事件驱动中，用户可以使用鼠标单击等方式进行操作，程序则根据鼠标指针的位置以及单击的方式进行响应。JavaScript使用的就是这种事件驱动的程序设计方式。

在JavaScript中，事件（Even）包括以下两个方面：

● 用户在浏览器中产生的操作是事件，如单击鼠标、按下键盘上的键等。
● 文档本身产生的事件，如文档加载完毕、卸载文档等，都是事件。

JavaScript事件驱动中的事件是通过鼠标或热键的动作引发的。它主要有以下几个事件。

1. 单击事件onClick

当用户单击鼠标按钮时，产生onClick事件。同时onClick指定的事件处理程序或代码将被调用执行。通常在下列基本对象中产生：

button（按钮对象）

checkbox（复选框）或（检查列表框）
radio（单选钮）
reset buttons（重置按钮）
submit buttons（提交按钮）

例：可通过下列按钮激活change()文件：

```
<form>
<input type="button" value=" "
onClick="change()">
</form>
```

在onClick等号后，可以使用自己编写的函数作为事件处理程序，也可以使用JavaScript的内部函数，还可以直接使用JavaScript的代码等。例如：

```
<input type="button" value=" "
onclick=alert("这是一个例子");
```

2. onChange改变事件

当利用text或texturea元素输入字符值改变时引发该事件，同时当在select表格项中一个选项状态改变后也会引发该事件。

例如以下是引用片段：

```
<form>
<input type="text" name="Test" value="Test" onCharge="check('this.test')">
</form>
```

3. 选中事件onSelect

当Text或Textarea对象中的文字被加亮后，引发该事件。

4. 获得焦点事件onFocus

当用户单击Text或textarea以及select对象时，产生该事件。此时该对象成为前台对象。

5. 失去焦点onBlur

当text对象或textarea对象以及select对象不再拥有焦点而退到后台时，引发该文件，它与onFocas事件是一个对应的关系。

6. 载入文件onLoad

当文档载入时，产生该事件。onLoad一个作用就是在首次载入一个文档时检测cookie的值，并用一个变量为其赋值，使它可以被源代码使用。

7. 卸载文件onUnload

当Web页面退出时引发onUnload事件，并可更新Cookie的状态。

7.1.2 事件与处理代码关联

在JavaScript中，浏览器会使用事件来通知JavaScript程序响应用户的操作。事件的类型有很多种，如鼠标事件、键盘事件、加载与卸载事件、得到焦点与失去焦点事件等。在事件产生的时候，浏览器会调用一个JavaScript程序来响应这个事件，这就是JavaScript的事件处理方式。其中，要使事件处理程序能够启动，必须先告诉对象，如果发生了什么事情，要启动什么处理程序，否则这个流程就不能进行下去。事件的处理程序可以是任意 JavaScript语句，一般用特定的自定义函数（function）来处理事件。

指定事件处理程序有3种方法。

1. 直接在HTML标记中指定。方法是：

```
<标记 ... ... 事件="事件处理程序" [事件="事件处理程序" ...]>
```

例如：

```
<body ... onload="alert('网页读取完成！')" onunload="alert('欢迎浏览！')">
```

这样的定义<body>标记，能使文档在读取完毕的时候弹出一个对话框，写着"网页读取完成"；在用户退出文档（或者关闭窗口，或者到另一个页面去）的时候弹出"欢迎浏览！"字样。

2. 编写特定对象特定事件的JavaScript。方法是：

```
<script language="JavaScript" for="对象" event="事件">
...
(事件处理程序代码)
...
</script>
<script language="JavaScript" for="window" event="onload">
alert('网页读取完成！');
</script>
```

3．在JavaScript中说明。方法：

> <事件主角 - 对象>.<事件> = <事件处理程序>；

用这种方法要注意的是，"事件处理程序"是真正的代码，而不是字符串形式的代码。如果事件处理程序是一个自定义函数，如无使用参数的需要，就不要加"()"标记。

```
function ignoreError() {
return true;
}
window.onerror = ignoreError; //
没有使用"()"
```

这个例子将ignoreError()函数定义为window对象的onerror事件的处理程序。它的效果是忽略该window对象下任何错误（由引用不允许访问的location对象产生的"没有权限"错误是不能忽略的）。

在JavaScript中对象事件的处理通常由函数（function）担任。其基本格式与函数全部一样，可以将前面所介绍的所有函数作为事件处理程序。

格式如下：

```
Function 事件处理名（参数表）{
事件处理语句集；
……
}
```

例如下例程序是一个自动装载和自动卸载的例子，即当装入HTML文档时调用loadform()函数，而退出该文档进入另一HTML文档时则首先调用unloadform()函数，在确认后方可进入。

实例代码：

```
<!doctype html>
<html>
<head>
<meta charset="utf-8">
<title>无标题文档</title>
<script language="JavaScript">
<!--
function loadform(){
alert("自动装载!");
}
function unloadform(){
alert("卸载");
}
//-->
</script>
</head>
<body>
<body onLoad="loadform()" OnUnload=
"unloadform()">
<a href="test.htm">调用</a>
</body>
</html>
```

运行代码的效果如图7-1所示。

图7-1　事件与处理代码

▌7.1.3　调用函数的事件

Web浏览器中的JavaScript实现允许我们定义响应用户事件（通常是鼠标或者键盘事件）所执行的代码。在支持Ajax的现代浏览器中，这些事件处理函数可以被设置到大多数的可视元素之上。可以使用事件处理函数将可视用户界面（即视图）与业务对象模型相连接。

传统的事件模型在JavaScript诞生的早期就存在了，它是相当简单和直接的。DOM元素有几个预先定义的属性，可以赋值为回调函数。

首先定义函数：

```
function Hanshu()
{
        //函数体...
}
```

这样我们就定义了一个名为Hanshu的函数，现在尝试调用一下这个函数。其实很简单，调用函数就是用函数的名称加括号，即：

```
Hanshu();
```

这样就调用了这个函数。

实例代码：

```
<!doctype html>
<meta charset="utf-8">
<script>
function showname(name)
{
document.write("我是"+name);
}
showname("雨轩"); //函数调用
</script>
</html>
```

本例中的function showName(name)为函数定义，其中括号内的name是函数的形式参数，这一点与C语言中的函数形式是完全相同的，而showname("雨轩")则是对函数的调用，用于实现需要的功能，运行代码的效果如图7-2所示。

图7-2 调用函数

7.1.4 调用代码的事件

JavaScript的出现给静态的HTML网页带来很大的变化。JavaScript增加了HTML网页的互动性，使以前单调的静态页面变得有交互性，

它可以在浏览器端实现一系列动态的功能，仅仅依靠浏览器就可以完成一些与用户的互动。

实例代码：

```
<!doctype html>
<html>
<head>
<meta charset="utf-8">
<title>无标题文档</title>
<script language="javascript">
 function test()
 {
 alert("调用代码的事件");
 }
</script>
</head>
<body onLoad="test()" >
<form action="" method="post">
<input type="button" value="单机测试
" onclick="test()">
</form>
</body>
</html>
```

运行代码的效果如图7-3所示。

图7-3 运行代码效果

7.1.5 设置对象事件的方法

event对象作为window对象的一个属性存在；使用attachEvent()添加事件处理程序时，会有一个event对象作为参数被传入事件处理函数中，当然也可以通过window.event来访问；使用html特性指定的事件处理程序则可以通过event的变量来访问事件对象。

实例代码：

```
<script type="text/javascript">
window.onload = function(){
var btn = document.getElementById("myBtn");
if(btn.addEventListener){
btn.addEventListener("click",function(event){
alert(event.type);
},false);
}else{
btn.attachEvent("onmouseout",function(event){
alert(event.type + " " + window.event.type);
});
btn.onmouseover = function(){
alert(window.event.type);
};
}
}
</script>
<input type="button" id="myBtn" value="click" onclick="alert(event.type)"/>
```

运行代码的效果如图7-4所示。

图7-4 运行代码效果

7.2 常见事件

事件的产生和响应，都是由浏览器来完成的，而不是由HTML或JavaScript来完成的。使用HTML代码可以设置哪些元素响应什么事件，使用JavaScript可以告诉浏览器怎么处理这些事件。然而，不同的浏览器所响应的事件有所不同，相同的浏览器在不同版本中所响应的事件也会有所不同。

7.2.1 课堂小实例——Click事件

Click事件是在一个对象上按下然后释放一个鼠标按钮时发生的，它也会发生在一个控件的值改变时。对一个Form对象来说，该事件是在单击一个空白区或一个无效控件时发生的。对一个控件来说，这类事件发生在单击控件对象的特定区域时。

单击事件一般应用于Button对象、Checkbox对象、Image对象、Link对象、Radio对象、Reset对象和Submit对象。Button对象一般只会用到onClick事件处理程序，因为该对象不能从用户那里得到任何信息，如果没有onClick事件处理程序，按钮对象将不会有任何作用。

使用单击事件的语法格式如下：

基本语法：

```
onClick=函数或是处理语句
```

实例代码：

```
<!doctype html>
<html>
<head>
<meta charset="utf-8">
<title>无标题文档</title>
</head>
<body><input type="submit" name="submit" value="打印本页"
onClick="javascript:window.print()">
</body>
</html>
```

本段代码为运用onClick事件，设置当单击按钮时实现打印功能。运行代码的效果如图7-5所示。

图7-5　onClick事件

7.2.2　课堂小实例——onchange事件

onchange事件会在域的内容改变时发生。在下拉列表框中，只要修改了可选项，就会激发onchange事件；在文本框中，该事件只有在修改了文本框中的文字并在文本框失去焦点时才会被激发。

基本语法：

```
on change=函数或是处理语句
```

实例代码：

```
<!doctype html>
<html>
<head>
<meta charset="utf-8">
<title>无标题文档</title>
</head>
<body>
<form name=searchForm  action= >
<tbody>
<tr>
<td align=middle width="100%">
<input name="textfield" type="text" size="20" onchange=alert("输入搜索内容")>
</td>
</tr>
<tr>
<t align=middle width="100%">
<select size=1 name=search>
<option value=Name selected>按名称</option >
<option  value=Singer>按歌手</option>
</select >
<input type="submit" name="Submit2" value="提交" /></td>
</tr>
</form>
</body>
</html>
```

本段加粗代码在一个文本框中使用了 onchange=alert("输入搜索内容")，来显示表单内容变化引起onchange事件执行处理效果。这里的onchange结果是弹出提示信息框。运行代码后的效果如图7-6所示。

图7-6　onchange事件

7.2.3　课堂小实例——onSelect事件

onSelect事件是指当文本框中的内容被选中时所发生的事件。

基本语法：

```
onSelect=处理函数或是处理语句
```

实例代码：

```
<script language="javascript">                          // 脚本程序开始
function strcon(str)                                    // 连接字符串
{
if(str!='请选择')                                       // 如果选择的是默认项
{
form1.text.value="您选择的是："+str;                    // 设置文本框提示信息
}
else                                                   // 否则
{
form1.text.value="";                                   // 设置文本框提示信息
}
}
</script>                                               <!-- 脚本程序结束 -->
<form id="form1" name="form1" method="post" action="">   <!--表单-->
<label>
<textarea name="text" cols="50" rows="2" onSelect="alert('您想拷贝吗？')"></
textarea>
</label>
<p><label>
<select name="select1" onchange="strAdd(this.value)" >
<option value="请选择">选择</option>
<option value="北京">北京</option>
<option value="南京">南京</option>
<option value="安徽">安徽</option>
<option value="广西">广西</option>
<option value="四川">四川</option>
<!--选项--><!--选项--><!--选项-->
<option value="其他">其他</option>
</select>
</label></p>
</form>
```

本段代码定义函数处理下拉列表框的选择事件，当选择其中的文本时输出提示信息。运行代码的效果如图7-7所示。

图7-7　处理下拉列表框事件

7.2.4 课堂小实例——onfocus事件

获得焦点事件（onfocus）是当某个元素获得焦点时触发的事件处理程序。失去焦点事件（onblur）是当前元素失去焦点时触发的事件处理程序。在一般情况下，这两个事件是同时使用的。onfocus事件即得到焦点通常是指选中了文本框等，并且可以在其中输入文字。

基本语法：

onfocus=处理函数或是处理语句

实例代码：

```html
<!doctype html>
<html>
<head>
<meta charset="utf-8">
<script type="text/javascript">
function setStyle(x)
{
document.getElementById(x).style.background="red"
}
</script>
</head>
<body>
用户名: <input type="text"
onfocus="setStyle(this.id)" id="fname" />
<br />
密码: <input type="text"
onfocus="setStyle(this.id)" id="lname" />
</body> </html>
```

在本例中，当输入框获得焦点时，其背景颜色将改变，运行代码的效果如图7-8所示。

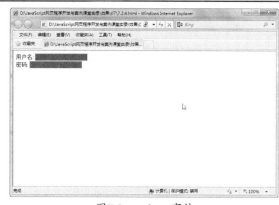

图7-8　onfocus事件

7.2.5 课堂小实例——onload事件

onload事件会在页面或图像加载完成后立即发生。加载事件（onload）与卸载事件（onunload）是两个相反的事件。加载事件是指整个文档在浏览器窗口中加载完毕后所激发的事件。卸载事件是指当前文档从浏览器窗口中卸载时所激发的事件，即关闭浏览器窗口或从当前网页跳转到其他网页时所激发的事件。onLoad事件的语法格式如下。

基本语法：

```
onLoad=处理函数或是处理语句
```

实例代码：

```
<!doctype html>
<html>
<head>
<meta charset="utf-8">
<script type="text/JavaScript">
<!--
function MM_popupMsg(msg) { //v1.0
  alert(msg);
}
//-->
</script>
</head>
<body onLoad="MM_popupMsg('北京欢迎你！')">
</body>
</html>
```

在代码中加粗部分的代码应用了onLoad事件，在浏览器中预览效果时，会自动弹出提示的对话框，如图7-9所示。

图7-9　onLoad事件

▌7.2.6　课堂小实例——鼠标移动事件

鼠标移动事件包括3种，分别为onmouseover、onmouseout和onmousemove。其中，onmouseover是当鼠标移动到对象之上时所激发的事件，onmouseout是当鼠标从对象上移开时所激发的事件，onmousemove是鼠标在对象上进行移动时所激发的事件。可以用这3个事件在指定的对象上移动鼠标时，实现其对象的动态效果。

基本语法：

```
onMouseover=处理函数或是处理语句
onMouseout=处理函数或是处理语句
onMousemove=处理函数或是处理语句
```

实例代码：

```
<!doctype html>
<html>
<head>
<meta charset="utf-8">
```

```
<title>无标题文档</title>
<style type="text/css">
<!--
#Layer1 {position:absolute;width:257px;height:171px;z-index:1;visibility: hidden;}
-->
</style>
<script type="text/JavaScript">
<!--
function MM_findObj(n, d) { //v4.01
var p,i,x;  if(!d) d=document; if((p=n.indexOf("?"))>0&&parent.frames.length) {
d=parent.frames[n.substring(p+1)].document; n=n.substring(0,p);}
if(!(x=d[n])&&d.all) x=d.all[n]; for (i=0;!x&&i<d.forms.length;i++) x=d.forms[i][n];
for(i=0;!x&&d.layers&&i<d.layers.length;i++) x=MM_findObj(n,d.layers[i].document);
if(!x && d.getElementById) x=d.getElementById(n); return x;
}
function MM_showHideLayers() { //v6.0
var i,p,v,obj,args=MM_showHideLayers.arguments;
for (i=0; i<(args.length-2); i+=3) if ((obj=MM_findObj(args[i]))!=null) {
v=args[i+2];
if (obj.style) { obj=obj.style; v=(v=='show')?'visible':(v=='hide')?'hidden':v; }
obj.visibility=v; }
}
//-->
</script>
</head>
<body>
<input name="Submit" type="submit"
 onMouseOver="MM_showHideLayers('Layer1','','show')" value="显示图像" />
<div id="Layer1"><img src="1.jpg" width="890" height="560" /></div>
</body>
</html>
```

在代码中加粗部分的代码应用了
onmouseover事件，在浏览器中预览效果，将
光标移动到"显示图像"按钮的上方以显示图
像，如图7-10所示。

图7-10　onMouseOver事件

7.2.7　课堂小实例——onblur事件

失去焦点事件正好与获得焦点事件相对，失去焦点（onblur）是指将焦点从当前对象中移开所引发的事件。

实例代码：

```
<!doctype html>
<html>
<head>
<meta charset="utf-8">
<title>无标题文档</title>
<script type="text/JavaScript">
<!--
function MM_popupMsg(msg) { //v1.0
  alert(msg);
}
//-->
</script>
</head>
<body>
<p>用户登录：</p>
<p>用户名：<input name="textfield" type="text"
onBlur="MM_popupMsg('文档中的"用户名"文本域失去焦点！')" />
</p>
<p>密码：<input name="textfield2" type="text"
 onBlur="MM_popupMsg('文档中的"密码"文本域失去焦点！')" />
</p>
</body>
</html>
```

在代码中加粗部分的代码应用了onblur事件，在浏览器中预览效果，将光标移动到任意一个文本框中，再将光标移动到其他的位置，就会弹出一个提示对话框，说明某个文本框失去焦点，如图7-11所示。

图7-11　onblur事件

7.3 其他常用事件

在前面讲述的事件都是HTML 4.01中所支持的标准事件。除此之外，大多浏览器都还定义了一些其他事件，这些事件为开发者开发程序带来了很大的便利，也使程序更为丰富和人性化。其他常用的事件如表7-1所示。

表7-1 其他常用事件

事　件	含　义
onabort	当页面上的图片没完全下载时，单击浏览器上"停止"按钮时触发的事件
onbeforeunload	当前页面的内容将要被改变时触发此事件
onerror	当出现错误时触发此事件
onfinish	当Marquee元素完成需要显示的内容后触发此事件
onbeforecopy	页面当前的被选择内容将要复制到浏览者系统的剪贴板前触发此事件
onbounce	在marquee内的内容移动至marquee显示范围之外时触发此事件
onstart	当marquee元素开始显示内容时触发此事件
onbeforeupdate	当浏览者粘贴系统剪贴板中的内容时通知目标对象
onrowenter	当前数据源的数据发生变化并且有新的有效数据时触发的事件
onscroll	浏览器的滚动条位置发生变化时触发此事件
onstop	浏览器的"停止"按钮被按下时或者正在下载的文件被中断时触发此事件
onbeforecut	当页面中的一部分或者全部的内容被移离当前页面的剪贴板并移动到浏览者的系统剪贴板时触发此事件
onbeforeeditfocus	当前元素将要进入编辑状态时触发此事件
onbeforepaste	内容将要从浏览者的系统剪贴板粘贴到页面中时触发此事件
oncopy	当页面当前的被选择内容被复制后触发此事件
oncut	当页面当前的被选择内容被剪切时触发此事件
ondrag	当某个对象被拖动时触发此事件 [活动事件]
ondragdrop	一个外部对象被鼠标拖进当前窗口或者帧
ondragend	当鼠标拖动结束时触发此事件，即鼠标的按钮被释放了
ondragenter	当对象被鼠标拖动的对象进入其容器范围内时触发此事件
ondragleave	当对象被鼠标拖动的对象离开其容器范围内时触发此事件
ondragover	当某被拖动的对象在另一对象容器范围内拖动时触发此事件
ondragstart	当某对象将被拖动时触发此事件
ondrop	在一个拖动过程中，释放鼠标键时触发此事件
onlosecapture	当元素失去鼠标移动所形成的选择焦点时触发此事件
onpaste	当内容被粘贴时触发此事件
onselectstart	当文本内容选择将开始发生时触发的事件
onafterupdate	当数据完成由数据源到对象的传送时触发此事件
oncellchange	当数据来源发生变化时触发的事件
ondataavailable	当数据接收完成时触发的事件
ondatasetchanged	数据在数据源发生变化时触发的事件
ondatasetcomplete	当来自数据源的全部有效数据读取完毕时触发此事件
onerrorupdate	当使用onbeforeupdate事件触发取消了数据传送时，代替onafterupdate事件
onrowexit	当前数据源的数据将要发生变化时触发的事件
onrowsdelete	当前数据记录将被删除时触发此事件
onrowsinserted	当前数据源将要插入新数据记录时触发此事件
onafterprint	当文档被打印后触发此事件

事　件	含　义
onbeforeprint	当文档即将打印时触发此事件
onfilterchange	当某个对象的滤镜效果发生变化时触发的事件
onhelp	当浏览者按下F1键或者浏览器的帮助被选择时触发此事件
onpropertychange	当对象的属性之一发生变化时触发此事件
onreadystatechange	当对象的初始化属性值发生变化时触发此事件

7.4 实战应用——将事件应用于按钮中

事件响应编程是JavaScript编程的主要方式，在前面介绍时已经使用了大量的事件处理程序。下面通过一个综合实例介绍将事件应用在按钮中，具体操作步骤如下。

（1）使用Dreamweaver CC 打开网页文档，如图7-12所示。

（2）打开拆分视图，在\<body\>和\</body\>之间相应的位置输入以下代码，如图7-13所示。

```
<form name="buttonForm">
<input type="button" value="按钮" name="button1" onclick="alert('按钮被点击
')"><br>
</form>
<script language="JavaScript">
<!--
function clickbutton1(){
document.buttonForm.button1.click();
}
-->
</script>
```

图7-12　打开网页文档

图7-13　输入代码

（3）保存文档，在浏览器中预览效果，如图7-14所示。

图7-14　将事件应用于按钮中的效果

7.5 课后练习

1. 填空题

（1）JavaScript事件可以分为下面几种不同的类别。最常用的类别是＿＿＿＿＿，然后是键盘和表单事件。

（2）事件的产生和响应，都是由＿＿＿＿来完成的，而不是由HTML或JavaScript来完成的。

（3）鼠标移动事件包括3种，分别为＿＿＿＿、＿＿＿＿和＿＿＿＿。

2. 操作题

创建一个当用户单击"提交"按钮时，会显示一个对话框，如图7-15所示。

图7-15　JavaScript弹出窗口

第8章
window对象

本章导读

window对象表示浏览器中打开的窗口。如果文档包含框架，浏览器会为HTML文档创建一个window对象，并为每个框架创建一个额外的window对象。JavaScript的输入可以通过window对象来实现。使用window对象产生用于客户与页面交互的对话框主要有3种：警告框、确认框和提示框等，这3种对话框使用Window对象的不同方法产生，其功能也不大相同。

技术要点

◎ window对象
◎ window对象事件及使用方法
◎ 对话框
◎ 状态栏
◎ 窗口操作

实例展示

全屏显示窗口

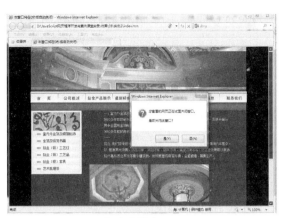

定时关闭窗口

8.1 window对象

所有浏览器都支持window对象，它表示浏览器窗口。所有JavaScript的全局对象、函数以及变量均自动成为window对象的成员。

8.1.1 window对象介绍

window对象表示一个浏览器窗口或一个框架。在客户端JavaScript中，window对象是全局对象，所有的表达式都在当前的环境中计算。也就是说，要引用当前窗口根本不需要特殊的语法，可以把那个窗口的属性作为全局变量来使用。例如，可以只写document，而不必写成window.document。

同样，可以把当前窗口对象的方法当作函数来使用，如只写alert()，而不必写成window.alert()。

除了上面列出的属性和方法，window对象还实现了核心JavaScript所定义的所有全局属性和方法。

window对象的window属性和self属性引用的都是它自己。当想明确地引用当前窗口，而不仅仅是隐式地引用它时，可以使用这两个属性。除了这两个属性之外，parent属性、top属性以及frame[]数组都引用了与当前window对象相关的其他window对象。

要引用窗口中的一个框架，可以使用如下语法：

```
frame[i]        //当前窗口的框架
self.frame[i]   //当前窗口的框架
b.frame[i]      //窗口b的框架
```

要引用一个框架的父窗口（或父框架），可以使用下面的语法：

```
parent          //当前窗口的父窗口
self.parent     //当前窗口的父窗口
b.parent        //窗口b的父窗口
```

要从顶层窗口含有的任何一个框架中引用它，可以使用如下语法：

```
top             //当前框架的顶层窗口
self.top        //当前框架的顶层窗口
f.top           //框架f的顶层窗口
```

新的顶层浏览器窗口由方法window.open()创建。当调用该方法时，应把open()调用的返回值存储在一个变量中，然后使用那个变量来引用新窗口。新窗口的opener属性反过来引用了打开它的那个窗口。

一般来说，window对象的方法都是对浏览器窗口或框架进行某种操作。而alert()方法、confirm()方法和prompt方法则不同，它们通过简单的对话框与用户进行交互。

8.1.2　window对象的使用方法

window对象是JavaScript浏览器对象模型中的顶层对象，其包含多个常用方法和属性。每个窗口（包括浏览器窗口和框架窗口）对应于一个window对象。

访问window对象的属性和方法：

```
window.属性名或方法
```

由于window对象是顶层对象，所以如果访问的是当前窗口的window对象，可以省略window，直接使用属性名和方法。

window对象的主要方法：

● alert()：弹出一个带有一段消息和一个确认按钮的警告框。使用方法是：

```
alert（字符串）
```

● confirm()：弹出一个带有一段消息和一个"确认"按钮、一个"取消"按钮的对话框。使用方法是：

```
confirm（字符串）
```

当用户用"确认"按钮关闭这个对话框时，它返回"true"，如果用"取消"按钮关闭这个对话框，则返回"false"。

● prompt()：弹出一个带有输入框的对话框。使用方法是：

```
prompt（字符串1，字符串2）
```

"字符串1"是在对话框中显示的提示信息，"字符串2"是在输入框中显示的文本。

当用户用"确认"按钮关闭这个对话框时，它返回输入框中的文本，如果用"取消"按钮关闭这个对话框，返回"null"。

● open()：打开一个弹出式窗口。目前很多浏览器都设置了屏蔽弹出窗口的功能，这会导致用open()方法建立的窗口无法打开。语法：

```
window.open(URL,name,features,replace);
```

URL是一个可选的字符串，声明了要在新窗口中显示的文档的URL，如果省略了这个参数，或者它的值是空字符串，那么新窗口就不会显示任何文档。

name是一个可选的字符串，该字符串是一个由逗号分隔的特征列表，其中包括数字、字母和下划线，该字符声明了新窗口的名称，这个名称可以用作标记<a>和<form>的属性target的值，如果该参数指定了一个已经存在的窗口，那么open()方法就不再创建一个新窗口，而只是返回对指定窗口的引用，在这种情况下，features将被忽略。

features是一个可选的字符串，声明了新窗口要显示的标准浏览器的特征，如果省略该参数，新窗口将具有所有标准特征。

replace是一个可选的布尔值，规定了装载到窗口的URL是在窗口的浏览历史中创建一个新条目，还是替换浏览历史中的当前条目。其支持下面的值：true-URL，替换浏览历史中的当前条目；false-URL，在浏览历史中创建新的条目。

● scrollBy()：把窗口内容滚动指定的距离。这个功能多用于实现窗口的自动滚屏。使用方法是：

```
scrollBy（xnum,ynum）
```

"xnum"是文档在横向滚动的距离，"ynum"是文档在纵向滚动的距离。它们的值可正可负，单位为像素。

● print()：打印当前窗口的内容。它会弹出一个打印对话框，让用户定制打印。语法如下：

```
window.print();
```

● close()：关闭当前窗口。这个功能多用于制作关闭按钮。语法如下：

```
window.close();
```

● setTimeout()：使用window对象的setTimeout方法可以延迟代码的执行时间，也可以用该方法来指定代码的执行时间。用于在指定的毫秒数后调用函数或计算表达式：

```
setTimeout(code,millisec);
```

例如：

```
function clock(){
document.getElementById('test').innerHTML = i++;
setTimeout("clock()",1000);
}
```

● clearTimeout(): window对象中的clearTimeout方法可以取消延迟执行的代码。因为在实际应用中，如果有时出现特殊情况，不再需要程序自延迟执行的时候，就得想办法取消延迟。clearTimeout方法可以做到这一点。语法如下：

```
clearTimeout(id_of_settimeout);
```

例如：

```
var timer;
function clock(){
document.getElementById('test').innerHTML = i++;
timer = setTimeout("clock()",1000);
}
function stop(){
clearTimeout(timer);
}
```

● setInterval(): 代码延迟执行机制在执行一次后就失效。而在实际应用中，设计者有时希望某个程序能反复执行，比如说倒计时等，需要每秒执行一次。为此可以使用window方法的setInterval方法，该函数设置一个定时器，每当定时的时间到时就调用一次用户设定的定时器函数。

按照指定的周期（以毫秒计）来调用函数或计算表达式，setInterval()方法会不停地调用函数，直到clearInterval()被调用或窗口被关闭，由setInterval()返回的ID值可用作clearInterval()方法的参数。语法如下：

```
setInterval(code,millisec);
```

例如：

```
alert('http://baidu.com');
}
window.setInterval('clock()',1000); //每一秒 弹一次框
```

● clearInterval(): 使用setInterval方法可以设定计时器，设定计时器时将返回一个计时器的引用。当不再需要的时候可以使用clearInterval方法移除计时器，其接收一个计时器ID作为参数。语法如下：

```
clearInterval(id_of_setinterval);
```

例如：

```
var timer = window.setInterval('clock()',1000);
function clock(){
if(i == 3){
window.clearInterval(timer);
}
document.getElementById('test').innerhtml = i++;}
```

当i为3时，停止。

8.2 窗口位置

　　window对象是浏览器窗口对文档提供一个显示的容器，是每一个加载文档的父对象。window对象还是所有其他对象的顶级对象，通过对window对象的子对象进行操作，可以实现更多的动态效果。

8.2.1 课堂小实例——装载文档

　　Location对象的assign()方法用于加载一个新的文档，语法如下：

基本语法：

```
location.assign(URL)
```

实例代码：

```
<!doctype html>
<html>
<head>
<meta charset="utf-8">
<title>无标题文档</title>
<script type="text/javascript">
function setAssign(){
    window.location.assign("http://www.baidu.com");
}
</script>
</head>
<body>
<button onclick="setAssign()">加载新文档</button>
</body>
</html>
```

　　运行代码，当单击"加载新文档"按钮时，触发Assign()函数，浏览器将访问百度首页，如图8-1和图8-2所示。

图8-1　单击按钮

图8-2　加载新文档

8.2.2 课堂小实例——获取窗口外侧以及内侧尺寸

　　利用JavaScript可以获取浏览器窗口的尺寸，实时了解窗口的高度和宽度。

基本语法：

```
Window.innerheight
Window.innerwidth
Window.outerheight
Window.outerwidth
```

语法说明：

在该语法中，innerheight属性和innerwidth属性分别用来指定窗口内部显示区域的高度和宽度。Outerheight和outerwidth属性分别用来指定含工具栏及状态栏的窗口外侧的高度及宽度。IE浏览器不支持这些属性。

实例代码：

```html
<!doctype html>
<html>
<head>
<meta charset="utf-8">
<title></title>
</head>
<style type="text/css">
<!--
body { background-color: #ffffff; }
-->
</style>
</head>
<body>
*获取窗口的外侧尺寸及内侧尺寸
<p><script type="text/javascript">
<!--
  document.write("窗口的高度(内侧)：",window.innerHeight);
    document.write("<br>");
    document.write("窗口的宽度(内侧)：",window.innerWidth);
    document.write("<br>");
    document.write("窗口的高度(外侧)：",window.outerHeight);
    document.write("<br>");
    document.write("窗口的宽度(外侧)：",window.outerWidth);
//-->
</script>
</p>
</body>
</html>
```

运行代码，改变浏览器窗口的大小，效果如图8-3和图8-4所示。

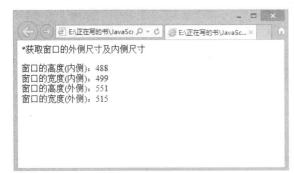

图8-3　获取窗口外侧以及内侧尺寸图

图8-4　改变浏览器窗口的大小

8.2.3　课堂小实例——调整窗口的大小

有时候需要控制显示窗口的大小，可以使用resizeto把窗口设置成指定的宽度和高度。可以在处理该事件时进行窗口尺寸的调整。

基本语法：

```
resizeto(w,h);
```

把窗体宽度调整为w个像素，高度调整为h个像素，w与h不能使用负数。

实例代码：

```
<!doctype html>
<html>
<head>
<meta charset="utf-8">
<title>无标题文档</title>
</head>
<body>
<input type="button" value="控制自己的浏览器"
 onclick="window.resizeTo(600,400);" />
<input type="button" value="调整宽为50像素，高为60像素！"
onclick="window.resizeTo(50,60);" />
<input type="button" value="调整宽为500像素，高为600像素！"
 onclick="window.resizeTo(500,600);" />
</body>
</html>
```

单击相应的按钮即可控制窗口宽度，运行代码在浏览器中预览，效果如图8-5所示。

图8-5　调整窗口的大小

8.3　对话框

在客户端浏览器中有3种常见的window方法用来弹出简单对话框，它们分别是alert()、confirm()和prompt()。alert()用于向用户显示消息。confirm()要求用户单击"确认"或"取消"按钮。prompt()要求用户输入一个字符串。

8.3.1　课堂小实例——警告对话框

alert()方法用于显示带有一条指定消息和一个"确定"按钮的警告框。alert()方法弹出的对话框只是显示提示信息，对用户起到提醒作用。

基本语法：

```
alert(message);
```

message是要在window上弹出的对话框中显示的纯文本。

实例代码：

```
<script type="text/JavaScript">
<!--
alert("早上好!");
</script>
```

alert只接受一个参数，这个参数是一个字符串，alert所做的全部事情是将这个字符串原封不动地以一个提示框的形式返回给用户，运行代码的效果如图8-6所示。

图8-6　警告对话框

8.3.2　课堂小实例——询问对话框

confirm()方法用来确认某一问题的答案，按"确定"按钮，对话框会返回true，按"取消"按钮，对话框会返回false。用户必须单击其中一个按钮才能使程序继续执行。

基本语法：

```
confirm(message);
```

message是要在window上弹出的对话框中显示的纯文本。

实例代码：

```
<!doctype html>
<html>
<head>
<meta charset="utf-8">
<title>无标题文档</title>
</head>
<body>
<script type="text/javascript">
if(confirm("你是学生吗?") == true){        //如果用户单击了确定按钮
alert("原来你真是一个学生");          //输出：原来你真是一个学生
}
else{
alert("你不是学生");         //如果用户单击了取消按钮，就会输出：你不是学生
}
</script>
</body>
</html>
```

在关闭窗口前，通过confirm对话框询问用户是否关闭，运行代码的效果如图8-7所示。如果单击"确认"按钮就会输出"原来你真是一个学生"，如果单击"取消"按钮，则输出"你不是学生"。

图8-7 询问对话框

8.3.3 课堂小实例——输入对话框

prompt()方法用来要求用户输入少量的信息，该方法有两个参数：第一个文本字符串向用户提出问题，第二个文本字符串是文本框中显示的初始默认值，如果第二个参数为空字符串，文本框就会什么也不显示。

基本语法：

```
window.prompt( 提示信息，默认值 )
```

语法说明：

如果用户单击提示框的"取消"按钮，则返回null。如果用户单击"确认"按钮，则返回输入字段当前显示的文本。

在用户点击"确定"按钮或"取消"按钮把对话框关闭之前，它将阻止用户对浏览器的所有输入。在调用 prompt() 时，将暂停对 JavaScript 代码的执行，在用户做出响应之前，不会执行下一条语句。

实例代码：

```
<script language="javascript">
function qustion()
{
var result
result=window.prompt("你今年多大了？", "20");
if(result=="18")
alert("你真聪明!!!")
else
alert("请你再猜猜!");
}
</script>
<input type="submit" name="Submit" value="多大了" onclick="qustion()" />
```

本实例通过window对象的prompt方法实现用户数据的输入，单击"多大了"按钮，可以弹出一个对话框，如图8-8所示，输入相应的年龄，如果不对则显示"请你再猜猜!"，如图8-9所示。

图8-8 输入对话框

图8-9 提示信息

8.4 状态栏

每个浏览器窗口的底部都有一个状态栏，它用来向用户显示一些特定的消息。

8.4.1 状态栏介绍

状态栏是包含文本输出窗格或"指示器"的控制条。输出窗格通常用作消息行和状态指示器。消息行示例包括命令帮助消息行，它简要解释了"MFC 应用程序向导"所创建的默认状态栏的最左边窗格中选定的菜单或工具栏命令。状态指示器示例包括SCROLL LOCK键、NUM LOCK键和其他键。

状态栏是指每个窗口、程序操作界面的最底端，通常可以在"视图"或"查看"菜单下将其打开或关闭，就是前面加"勾"就打开，打"叉"就关闭的部分。

IE浏览器的状态栏如图8-10所示。

图8-10 状态栏

8.4.2 课堂小实例——默认状态栏信息

window对象的defaultStatus属性可以用来设置在状态栏中的默认文本，当不显示瞬间信息时，状态栏可以显示这个默认文本。defaultStatus属性是一个可读写的字符串。

实例代码：

```
<script language="JavaScript">
//设置浏览器状态栏的默认值：
 defaultStatus = '默认状态栏信息';
</script>
```

本实例通过window对象的defaultStatus属性设置默认的状态栏信息，运行代码的结果如图8-11所示。

图8-11 默认的状态栏信息

8.4.3 课堂小实例——状态栏瞬间信息

属性status主要用于存放瞬时消息，即当有触发事件发生的时候才会改变状态栏的信息。只有当触发事件发生的时候，状态栏上面的文本才会被指定的status替换，否则将一直显示defaultStatus属性指定的内容。

实例代码：

```
<script language="javascript">
<!--
function setstatus()
{
var d =new Date();
var time = d.getHours() + ":" + d.getMinutes() + ":" + d.getSeconds();
```

```
window.status=time;
}
setInterval("setstatus()",1000);
-->
</script>
```

　　本实例使用定义定时器函数，向浏览器的状态栏输出当前时间信息，运行代码的效果如图8-12所示。

图8-12　状态栏瞬间信息

8.5 窗口操作

　　窗口是Web浏览器中最重要的界面元素，JavaScript提供了许多操作窗口的工具，JavaScript处理窗口的方式与处理框架很相似。

8.5.1　课堂小实例——打开新窗口

　　open()方法可以查找一个已经存在的或者新建的浏览器窗口。如果name参数指定了一个已经存在的浏览器窗口，则返回对该窗口的引用。返回的窗口中将显示URL中指定的文档，但是features参数会被忽略。open()方法是JavaScript中唯一通过名称获得浏览器窗口引用的途径。

　　如果没有指定name参数，或者不存在name参数指定的名称的窗口，open()方法将创建一个新的浏览器窗口。

基本语法：

```
window.open(URL,name,features,
replace)
```

● URL：可选字符串参数，指向要在新窗口中显示的文档的URL。如果省略该参数，或者参数为空字符串，新窗口不会显示文档。
● name：可选字符串参数，该参数可以设置新窗口的名称。

相同name的窗口只能创建一个，要想创建多个窗口则name不能相同。

　　name不能包含有空格。
● features：可选字符串参数，该参数用于设定新窗口的功能。因为该参数是可选的，如果没有指定该参数，新窗口将拥有所有的标准功能。
● replace：可选布尔参数，设置新窗口中的操作历史的保存方式。

实例代码：

```
<script type="text/javascript">
{
window.open("index.html","index","h
eigth=688,width=554");
}
</script>
```

　　Window.open（'index.html'）用于控制弹出新的窗口indexe.html，用height=280、width=297分别设置打开浏览器窗口的宽度和高度，运行代码的效果如图8-13所示。

图8-13 打开新窗口

8.5.2 课堂小实例——窗口名字

window.open方法可以设置新窗口的名称，该窗口名称在a元素和form元素的target属性中使用。

基本语法：

```
window.open(pageURL,name,parameters)
```

语法说明：

pageURL 为子窗口路径。

name 为子窗口句柄。

parameters 为窗口参数（各参数用逗号分隔）。

实例代码：

```
<script language="javascript">
function name()
{
window.open("http://www.baidu.com","myForm","height=300,width=200,scrollbars=yes");
}
name();
</script>
```

本实例应用open方法打开百度网首页，文档名为myFrom，高为300，宽为200，运行代码的效果如图8-14所示。

图8-14 打开窗口

8.5.3 课堂小实例——关闭窗口

window.close()方法用于关闭指定的浏览器窗口。如果不带窗口引用则调用close()函数，

JavaScript就关闭当前窗口。在事件处理程序中，必须指定window.close()，而不能仅仅使用close()。

基本语法：

```
window.close();
```

● 所有的窗体都可以使用此函数关闭。
● 对于通过使用open函数打开的窗体，使用close函数将直接关闭。
● 对于非open打开的窗体，或者对整个浏览器调用close函数时将弹出一条关闭信息，询问是否关闭。
  用户可以拒绝关闭。

实例代码：

```html
<!doctype html>
<html>
<head>
<meta charset="utf-8">
<script language="javascript">
function closeWindow()
{
if(self.closed)
{
alert("窗口已经关闭")
}
else
{
self.close()
}
}
</script>
</head>
<body>
<label>
<input type="submit" name="Submit" onClick="closeWindow()" value="关闭窗口" >
</label>
</body>
</html>
```

本实例应用if语句判断是否关闭窗口，如果没有就关闭窗口。单击按钮即可提示是否关闭，运行代码的效果如图8-15所示。

图8-15　关闭窗口

8.5.4 课堂小实例——窗口的引用

window.parent是iframe页面调用父页面对象。

基本语法：

```
window.parent
```

如果窗口本身是顶层窗口，parent属性返回的是对自身的引用。

在框架网页中，一般父窗口就是顶层窗口，但如果框架中还有框架，父窗口和顶层窗口就不一定相同了。

实例代码：

```html
<!doctype html>
<html>
<head>
<meta charset="utf-8">
</head>
<body>
<form name="form1" id="form1">
<input type="text" name="username" id="username"/>
</form>
<iframe src="p.html" width=100%></iframe>
</body>
</html>
```

需要在b.htm中对上面代码中的username文本框赋值，就如很多上传功能，上传功能页在Ifrmae中，上传成功后把上传后的路径放入父页面的文本框中。应该在p.html中输入相应代码，如下：

```javascript
<script type="text/javascript">
var _parentWin = window.parent ;
_parentWin.form1.username.value =
"窗口的引用" ;
</script>
```

运行代码的效果如图8-16所示。

图8-16 窗口的引用

8.6 实战应用

JavaScript最强大的功能也就在于能够直接访问浏览器窗口对象及其中的子对象。Window对象表示的是浏览器窗口，它有多种操作，其中一个重要的方法是open，表示新建一个窗口来打开指定页面。

实战1——全屏显示窗口

本实例将讲述关于全屏浏览器窗口网页的制作，具体操作步骤如下。

（1）使用Dreamweaver CC打开网页文档，如图8-17所示。

（2）打开拆分视图，在<body>和</body>之间相应的位置输入以下代码，如图8-18所示。

```
<div align="center">
<input type="button" name="FullScreen" value="全屏显示"
onClick="window.open(document.location, 'big', 'fullscreen=yes')">
</div>
```

图8-17　打开网页文档　　　　　　　　　　图8-18　输入代码

（3）保存文档，在浏览器中浏览效果，如图8-19所示。

图8-19　全屏显示效果

实战2——定时关闭窗口

本实例将讲述定时关闭网页器窗口，具体操作步骤如下。

（1）使用Dreamweaver CC打开网页文档，如图8-20所示。

（2）打开拆分视图，在<head>和</head>之间相应的位置输入以下代码，如图8-21所示。

```
<script language="javascript">
<!--
function clock()
{i=i-1
document.title="本窗口将在"+i+"秒后自动关闭!";
```

```
if(i>0)setTimeout("clock();",1000);
else self.close();}
var i=10
clock();
//-->
</script>
```

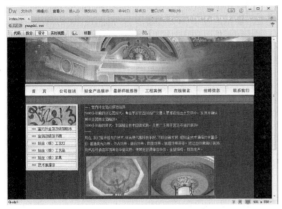

图8-20　打开网页文档

图8-21　输入代码

（3）保存文档，在浏览器中浏览效果，如图8-22所示。

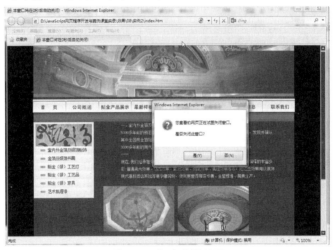

图8-22　定时关闭效果

8.7 课后练习

1．填空题

（1）＿＿＿＿＿＿＿＿＿是JavaScript浏览器对象模型中的顶层对象，其包含多个常用方法和属性。每个窗口（包括浏览器窗口和框架窗口）对应于一个＿＿＿＿＿＿＿＿。

（2）Javascript中的＿＿＿＿＿＿＿就是当光标落在文本框中时发生的事件。

（3）有时候需要控制显示窗口的大小，可以使用＿＿＿＿＿＿＿＿把窗口设置成指定的宽度和高度。可以在处理该事件时进行窗口尺寸的调整。

2．操作题

创建在状态栏显示问候的语句，如图8-23所示。

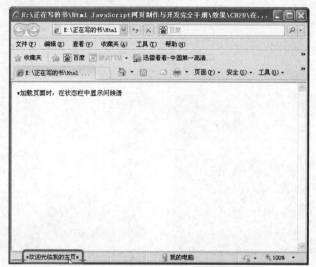

图8-23　在状态栏显示问候语句

第9章
屏幕和浏览器对象

本章导读

　　每个window对象的screen属性都引用一个screen对象。screen对象中存放着有关显示浏览器屏幕的信息。JavaScript程序将利用这些信息来优化它们的输出，以达到用户的显示要求。navigator也成为浏览器对象，该对象用来描述客户端浏览器的相关信息。

技术要点

◎ 检测显示器参数
◎ 客户端显示器屏幕分辨率
◎ 客户端显示器屏幕的有效宽度和高度
◎ 获取浏览器对象的属性值
◎ MimeType对象和Plugin对象

实例展示

添加收藏

浏览器状态栏显示信息

9.1 屏幕对象

屏幕对象（screen）提供了获取显示器信息的功能，显示器信息的主要用途是确定网页在客户机上所能达到的最大显示空间。很多情况下，用户的显示器大小尺寸不尽相同，以同一尺寸设计的网页往往得不到期望的效果。为此需得知用户显示器的信息，在运行时确定网页的布局。

9.1.1 课堂小实例——检测显示器参数

检测显示器参数有助于确定网页在客户机上所能显示的大小，主要使用screen对象提供的接口。显示的参数一般都包括显示面积的宽、高度和色深等，其中宽、高度是比较有意义的，直接与网页布局相关，色深只是影响图形色彩的逼真程度。

表9-1所示是screen对象属性一览。

表9-1　screen对象的属性

属　性	说　明
availHeight	窗口可以使用的屏幕高度，单位为像素
availWidth	窗口可以使用的屏幕宽度，单位为像素
colorDepth	返回目标设备或缓冲器上的调色板的比特深度
height	屏幕的高度，单位为像素
width	屏幕的宽度，单位为像素

实例代码：

```
<Script language="javascript">
with (document)               // 用with语句引用document的属性
{
write ("屏幕显示设定值：<p>");       // 输出提示语句
write ("屏幕的实际高度", screen.availHeight, "<br>");
write ("屏幕的实际宽度", screen.availWidth, "<br>");
write ("屏幕的色盘深度", screen.colorDepth, "<br>");
write ("屏幕区域的高度", screen.height, "<br>");
write ("屏幕区域的宽度", screen.width);
```

```
}
</Script>
```

运行代码的效果如图9-1所示。

图9-1 检测显示器参数

9.1.2 课堂小实例——客户端显示器屏幕分辨率

显示器分辨率是指显示器所能显示的宽度和高度，通常以像素（pixel）为单位，不同的显示器的分辨率也就有可能不同。目前主流显示器分辨率是1280*800和1024*768。在实际应用中，为了使制作的网页能适应不同的浏览器环境，最好使用JavaScript程序对用户的显示器进行检测，动态调整网页的布局。

实例代码：

```
<!doctype html>
<html>
<head>
<meta charset="utf-8">
<title>无标题文档</title>
</head>
<body>
<script type="text/javascript" language="javascript">
document.write('您显示器的分辨率为:\n' + screen.width + 'x' + screen.height + '像素');
</script>
</body>
</html>
```

运行代码的效果如图9-2所示。

图9-2 显示器屏幕分辨率

9.1.3　课堂小实例——客户端显示器屏幕的有效宽度和高度

有效宽度和高度是指打开客户端浏览器所能达到的最大宽度和高度。在不同的操作系统中，操作系统本身也要占用一定的显示区域，所以当浏览器窗口以最大化打开时，不一定占满整个显示器屏幕。因此，有效的宽度和高度就是指浏览器窗口所能占据的最大宽度和高度。

实例代码：

```html
<!doctype html>
<html>
<head>
<meta charset="utf-8">
<title>无标题文档</title>
</head>
<body>
<script    language="javascript">
with(document)
{
writeln(" 网页可见区域宽: "+ document.body.clientWidth+"<br>");
writeln(" 网页可见区域高: "+ document.body.clientHeight+"<br>");
writeln(" 网页可见区域宽(包括边线和滚动条的宽): "+ document.body.offsetWidth +"<br>");
writeln(" 网页可见区域高(包括边线的宽): "+ document.body.offsetHeight +"<br>");
writeln(" 网页正文全文宽: "+ document.body.scrollWidth+"<br>");
writeln(" 网页正文全文高: "+ document.body.scrollHeight+"<br>");
writeln(" 网页被卷去的高(ff): "+ document.body.scrollTop+"<br>");
writeln(" 网页被卷去的高(ie): "+ document.documentElement.scrollTop+"<br>");
writeln(" 网页被卷去的左: "+ document.body.scrollLeft+"<br>");
writeln(" 网页正文部分上: "+ window.screenTop+"<br>");
writeln(" 网页正文部分左: "+ window.screenLeft+"<br>");
writeln(" 屏幕分辨率的高: "+ window.screen.height+"<br>");
writeln(" 屏幕分辨率的宽: "+ window.screen.width+"<br>");
writeln(" 屏幕可用工作区高度: "+ window.screen.availHeight+"<br>");
writeln(" 屏幕可用工作区宽度: "+ window.screen.availWidth+"<br>");
}
</script>
</body>
</html>
```

运行实例的效果如图9-3所示。

图9-3　显示器屏幕的有效宽度和高度

9.1.4　课堂小实例——获取显示器的显示信息

pixelDepth属性返回每像素使用多少比特（bits）进行显示的值；color-Depth属性以比特值返回可以显示的颜色数量。比如，256像素时是8，65000像素（在Macintosh中是32000像素）的情况下为16。

实例代码：

```
<!doctype html>
<html>
<head>
<meta charset="utf-8">
<title>无标题文档</title>
</head>
<body>
获取显示器的显示信息
<p>
<script type="text/javascript">
<!--
document.write("显示器的深度为(bits
per pixel): ",screen.pixelDepth);
```

```
document.write("<br>");
document.write("可使用的颜色数量为
(bit颜色): ",screen.colorDepth);
//-->
</script>
</p>
</body>
</html>
```

运行代码的效果如图9-4所示。

图9-4　获取显示器的显示信息

9.2　浏览器对象

navigator是一个独立的对象，用于提供用户所使用的浏览器以及操作系统等信息，以navigator对象属性的形式来提供。

9.2.1　课堂小实例——获取浏览器对象的属性值

在进行Web开发时，通过navigator对象的属性来确定用户浏览器版本，进而编写有针对相应浏览器版本的代码。

基本语法：

```
navigator.appName
navigator.appCodeName
navigator.appVersion
navigator.userAgent
navigator.platform
navigator.language
```

语法说明：

navigator.appName获取浏览器名称，navigator.appCodeName获取浏览器的代码名称，navigator.appVersion获取浏览器的版本，navigator.userAgent获取浏览器的用户代理，navigator.platform获取平台的类型，navigator.language获取浏览器的使用语言。

实例代码：

```
<!doctype html>
<html>
<head>
<meta charset="utf-8">
<title>无标题文档</title></head>
<Script language="javascript">
with (document)
{
write ("浏览器信息: <OL>");
write ("<LI>代码: "+navigator.appCodeName);
write ("<LI>名称: "+navigator.appName);
write ("<LI>版本: "+navigator.appVersion);
write ("<LI>语言: "+navigator.language);
write ("<LI>编译平台: "+navigator.platform);
write ("<LI>用户表头: "+navigator.userAgent);
}
</Script>
</body>
</html>
```

运行代码的效果如图9-5所示，显示了浏览器的代码、名称、版本、语言、编译平台和用户表头等信息。

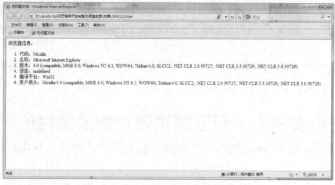

图9-5　获取浏览器对象的属性值

9.2.2　Plugin插件

一个Plugin对象就是一个安装在客户端的插件。所谓插件，就是浏览器用于显示特定类型嵌入数据时调用的软件模块。用户从帮助菜单中选择关于插件选项可以获取已安装插件的清单。

每个Plugin对象本身都是一个数组，其中包含的每个元素分别对应于每个该插件支持的MIME类型。

基本语法：

```
navigator.plugins[i].name
navigator.plugins[i].filename
navigator.plugins[i].description
navigator.plugins[i].length
```

语法说明:

navigator.plugins[i].name属性返回插件的名称，navigator.plugins[i].filename属性返回文件名，navigator.plugins[i].description属性返回其详细信息，navigator.plugins[i].length属性计算插件的数量，并创建可以在该浏览器中使用的插件一览表。

实例代码:

```
<script language="javascript">
document.writeln("<table border=1><tr valing=top>",
"<th aling=left>A",
"<th aling=left>名称",
"<th aling=left>文件名",
"<th aling=left>描述",
"<th aling=left>类型</tr>")
for (i=0; i < navigator.plugins.length; i++) {
document.writeln("<TR valing=top><TD>",i,
"<td>",navigator.plugins[i].name,
"<td>",navigator.plugins[i].filename,
"<td>",navigator.plugins[i].description,
"<td>",navigator.plugins[i].length,
"</tr>")
}
document.writeln("</table>")
</script>
```

本实例列出一张表，其中显示了客户端每个Plugin对象的name、filename、description 和length属性，运行代码的效果如图9-6所示。

图9-6　Plugin对象

9.3 综合实战

在网页程序设计中，经常需要进行浏览器和用户浏览器性能的检测，以便根据不同的用户的情况来显示或执行相应的代码。本章主要介绍浏览器名称与版本的检测与显示、浏览器对JavaScript的支持性检测、随时获取浏览器窗口大小、设置屏幕对象的尺寸、根据不同情况显示不同的媒体文件等内容。

实战1——加入收藏夹

本实例讲述设置加入收藏夹的具体应用，具体操作步骤如下。

（1）使用Dreamweaver CC 打开网页文档，如图9-7所示。

（2）打开代码视图，在<body>和</body>之间相应的位置输入以下代码，如图9-8所示。

```
<script type="text/javascript">
function addBookmark(title,url) {
if (window.sidebar) {
window.sidebar.addPanel(title, url,"");
} else if( document.all ) {
window.external.AddFavorite( url, title);
} else if( window.opera && window.print ) {
return true;
}
}
</script> <a href=javascript:addBookmark('百度搜索','http://www.baidu.com/')>添
加到收藏</a>
```

图9-7　打开网页文档　　　　　图9-8　输入代码

（3）保存文档，单击"添加到收藏"超链接，弹出提示框，如图9-9所示。

图9-9　加入收藏

实战2——浏览器状态栏显示信息

有的时候，我们想在状态栏上显示一些自己很喜欢的内容，比如显示欢迎信息、当前时间

等，都可以用JavaScript来实现，具体操作步骤如下。

（1）使用Dreamweaver CC 打开网页文档，如图9-10所示。

（2）打开拆分视图，在<head>和</head >之间相应的位置输入以下代码，如图9-11所示。

```
<script language="JavaScript">
//设置浏览器状态栏的默认值:
defaultStatus = '亲爱的朋友您好，欢迎光临我们的网站';
</script>
```

图9-10　打开网页文档　　　　　　　　　　　　图9-11　输入代码

（3）保存文档，在浏览器中预览效果，如图9-12所示。

图9-12　在浏览器状态栏显示信息效果

9.4　课后练习

1. 填空题

（1）＿＿＿＿＿＿提供了获取显示器信息的功能，显示器信息的主要用途是确定网页在客户机是所能达到的最大显示空间。

（2）在进行Web开发时，通过_____的属性来确定用户浏览器版本，进而编写有针对相应浏览器版本的代码。

（3）每个Plugin对象本身都是一个数组，其中包含的每个元素分别对应于每个该插件支持的_____。

2．操作题

制作一个显示器分辨率检测，如图9-13所示。

图9-13　显示器分辨率检测

第10章
文档对象

本章导读

Document对象又称为文档对象，该对象是JavaScript中最重要的一个对象。Document对象是window对象中的一个子对象，window对象代表浏览器窗口，而Document对象代表了浏览器窗口中的文档，用于描述当前窗口或指定窗口对象的文档。它包含了文档从<head>到</body>的内容。

技术要点

◎ 文档对象介绍
◎ 文档对象的使用方法
◎ 引用文档中对象的方法
◎ 文档对象的应用
◎ 链接对象

实例展示

文字连续变换多种颜色效果

10.1 文档对象概述

Document文档对象是JavaScript中window和frames对象的一个属性，是显示于窗口或框架内的一个文档，用于描述当前窗口或指定窗口对象的文档。它包含了文档从<head>到</body>的内容。

10.1.1 文档对象介绍

Document对象是JavaScript中使用最多的对象，因为Document对象可以操作HTML文档的内容和对象。Document对象除了有大量的方法和属性之外，还有大量的子对象，这些对象可以用来控制HTML文档中的图片、超链接、表单元素等控件。

Document对象代表整个HTML文档，可用来获取文档本身的信息并访问页面中的所有元素。

1. Document对象的属性

Document对象的属性见表10-1所示。

表10-1　Document对象的属性

属　　性	说　　明
body	提供对<body>元素的直接访问
cookie	设置或返回与当前文档有关的所有cookie
domain	返回当前文档的域名
lastModified	返回文档被最后修改的日期和时间
title	返回当前文档的标题
URL	返回当前文档的URL

下面通过一个实例讲述Document对象属性的使用。

实例代码：

```
<!doctype html>
<html>
<head>
<meta charset="utf-8">
```

```
<title>无标题文档</title>
<script>
document.title = "由JavaScript脚本生成的网页标题";
</script>
</head>
<body>文档窗口的宽度是
<script>
document.write(document.body.offsetWidth);
</script>
</body>
</html>
```

这里使用document.title显示浏览器标题，使用document.write()输出文档窗口的宽度，如图10-1和图10-2所示。

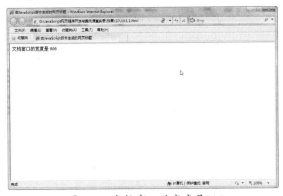

图10-1　文档窗口的宽度是906

图10-2　文档窗口的宽度是648

2．Document对象方法

Document对象的方法见表10-2所示。

表10-2　Document对象的方法

方　法	说　明
close()	关闭用document.open()方法打开的输出流，并显示选定的数据
getElementById()	返回对拥有指定id的第一个对象的引用
getElementsByName()	返回带有指定名称的对象集合
getElementsByTagName()	返回带有指定标签名的对象集合
open()	打开一个流，以收集来自任何document.write()或 document.writeln()方法的输出
write()	向文档写HTML表达式或JavaScript代码
writeln()	等同于write()方法，不同的是在每个表达式之后写一个换行符

下面通过一个实例来讲述Document对象的使用方法。

实例代码：

```
<!doctype html>
<html>
<head>
<meta charset="utf-8">
<title>无标题文档</title>
</head>
```

```
<body>
<script>
function test1()
{
var txt = document.getElementById("txt_1");
window.alert(txt.type);
var pwds = document.getElementsByName("txtUPwd");
window.alert(pwds.length);
window.alert(pwds[1].id);
var eles = document.getElementsByTagName("input");
window.alert(eles.length);
window.alert(eles[3].value);
}
</script>   .
<form id="frm" method="post">
用户名:<input type="text" id="txt_1" name="txtUName" />
密码:<input type="password" id="txt_2" name="txtUPwd" />
确认密码:<input type="password" id="txt_3" name="txtUPwd" />
<input type="button" name="btnTest" value="测试" onclick="test1();" />
</form>
</body>
</html>
```

在Document对象中可以使用getElementById方法引用文本框中的值，它是通过标签的ID来访问标签中的值，这种方法不局限于表单，访问更方便、更自由。运行代码，在浏览器中预览的效果如图10-3所示。

图10-3　Document对象的方法

3. Document对象集合

Document对象的集合见表10-3所示。

表10-3　Document对象的集合

集　合	说　明
all[]	提供对文档中所有HTML元素的访问
anchors[]	返回对文档中所有Anchor对象的引用
applets	返回对文档中所有Applet对象的引用
forms[]	返回对文档中所有Form对象的引用
images[]	返回对文档中所有Image对象的引用
links[]	返回对文档中所有Area和Link对象的引用

10.1.2 文档对象的使用方法

Document对象提供多种方式获得HTML元素对象的引用。对每个HTML文件会自动建立一个文件对象。Document对象不需要手工创建，在文档初始化时就已经由系统内部创建，直接调用其方法或属性即可。

基本语法：

```
document.属性
document.方法（参数）
```

实例代码：

```
<!doctype html>
<html>
<head>
<meta charset="utf-8">
<title>无标题文档</title>
</head>
<body>
<script language="JavaScript">
var whatsNew = open(",'_blank','top=50,left=50,width=200,height=300,' +
                'menubar=no,toolbar=no,directories=no,location=no,' +
                'status=no,resizable=no,scrollbars=yes');
whatsNew.document.write('<center><b>更新通知</b></center>');
whatsNew.document.write('<p>最后更新日期：2014.08.01');
whatsNew.document.write('<p align="right">' +
                '<a href="javascript:self.close()">关闭窗口</a>');
whatsNew.document.close();
</script>
</body>
</html>
```

本实例先写好一个 HTML 文件，然后再用 open() 方法中直接 load 这个文件，运行代码的效果如图10-4所示。

图10-4　文档对象的使用

10.1.3 课堂小实例——引用文档中对象的方法

Document对象也就是文档的对象，它是Windows对象的子对象，它代表浏览器窗口中的文档。文档与状态栏、工具栏等是并列的，它们一起构成了浏览器窗口。通过使用Document对象可以对文档中的对象、内容等进行访问，其中有些对象或内容还可以使用Document对象来设置。

实例代码:

```
<!doctype html>
<html>
<head>
<meta charset="utf-8">
<title>无标题文档</title>
<script language="javascript">
function img()
{
for(i=0;i<document.forms[1].length-1;i++)
{
document.Myform.showMsg.value +=document.forms[1].elements[i].value+"\n";
}
alert(Myform.showMsg.value);                     //用对话框的形式显示信息
}
</script>
</head>
<body>
<form name="Myform">
<p>个人简介</p>
<p>
<textarea name="showMsg" cols="40" rows="8" ></textarea>
</p>
</form>
<form name="form1" method="post" action="">用户信息<br>
姓名: <input type="text" name="Name" ><p>
性别: <input type="text" name="sex">
<label><input type="submit" name="Submit" value="提交" onClick="img()">
</label>
</p>
</form>
</body>
</html>
```

　　本实例是取得用户的提交信息,然后在弹出的窗口中显示出来,运行代码的效果如图10-5所示。

图10-5　运行代码效果

10.2 文档对象的应用

使用Document对象可以访问文档中的对象，Document对象的属性和方法比较多。下面通过实例来介绍这些属性和方法。

10.2.1 课堂小实例——设置超链接的颜色

在默认的情况下，未访问的超链接为蓝色、已访问过的超链接和正在访问的超链接为暗红色。使用Document对象的linkcolor属性、vlinkcolor属性和alinkcolor属性可以分别设置文档超链接颜色。不但可以通过这些属性来获得不同状态下超链接的颜色，还可以使用这些属性来设置不同状态下超链接的颜色。

实例代码：

```
<Script>
document.bgColor = "white";
document.fgColor = "black";
document.linkColor = "red";
document.alinkColor = "blue";
document.vlinkColor = "purple";
</Script>
<A href="http://www.linyikongtiao.
com">临沂空调网</A>
```

本实例应用document.linkColor = "red"设置超文本链接的颜色为红色，document.alinkColor = "blue"设置正在访问的超链接文本的颜色为蓝色，document.vlinkColor = "purple"设置已访问过的超链接文本的颜色为粉色，运行代码的效果如图10-6所示。

图10-6 设置超链接的颜色

提示

◆ linkColor，设置超链接的颜色。

◆ alinkColor，正在激活中的超链接的颜色。

◆ vlinkColor，链接的超链接颜色。

◆ links，以数组索引值表示所有超链接。URL为该文件的网址。

◆ anchors，以数组索引值表示所有锚点。

◆ bgColor，背景颜色。

◆ fgColor，前景颜色。

10.2.2 课堂小实例——设置网页背景颜色和默认文字颜色

对大多数浏览器而言，其默认的背景颜色为白色或灰白色。在网页设计中，bgcolor属性用于设置整个文档的背景颜色。在HTML中的body元素中，可以通过bgcolor属性和text属性来设置网页背景颜色和默认的文字颜色。而Document对象的bgcolor属性和fgcolor属性也可以设置网页背景颜色和默认的文字颜色。

实例代码：

```
<!doctype html>
<html>
<head>
<meta charset="utf-8">
```

```
<title>无标题文档</title>
<script language="javascript">
 document.bgColor="grenn" ;                         // 设置背景颜色
 document.fgColor="white"                            // 设置字体颜色
 function changeColor()
{
    document.bgColor="";                            // 设置背景颜色
    document.body.text="blue";                      // 设置字体颜色
}
function outColor()
{
    document.bgColor="red";                         // 设置背景颜色
    document.body.text="white";                     // 设置字体颜色
}
</script>
</head>
<body>
<h1 align="center" onMouseOver="changeColor()" onMouseOut="outColor()">
设置网页背景颜色和默认文字颜色</h1>
</body>
</html>
```

本实例使用bgcolor属性和fgcolor属性来设置网页背景颜色和默认的文字颜色，打开网页时默认的文本颜色和背景颜色。当鼠标移开文字时，字体颜色和背景颜色就会改变，如图10-7和图10-8所示。

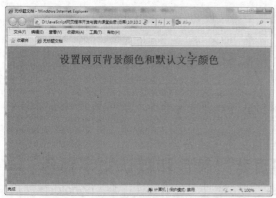

图10-7　默认字体颜色和背景颜色

图10-8　设置字体颜色和背景颜色

10.2.3　课堂小实例——文档信息

Document对象中的lastmodified属性可以显示文档的信息。在JavaScript中，为Document对象定义了lastModified属性，使用该属性可以得到当前文档最后一次被修改的具体日期和时间。本地计算机上的每个文件都有最后修改的时间，所以在服务器上的文档也有最后修改的时间。当客户端能够访问服务器端的该文档时，客户端就可以使用lastModified属性来得到该文档的最后修改时间。

实例代码：

```html
<!doctype html>
<html>
<head>
<meta charset="utf-8">
<title>无标题文档</title>
</head>
<body>
<script language="javascript">
with(document)                                    //访问document对象的属性
{
writeln("最后修改时间: "+document.lastModified+"<br>");    //显示修改时间
writeln("文档标题:"+document.title+"<br>");              //显示标题
writeln("URL:"+document.URL+"<br>");                    //显示URL
}
</script>
</body>
</html>
```

本实例运用document对象来显示文档的最后修改时间，如图10-9所示。

图10-9 文档的最后修改时间

10.2.4 课堂小实例——在网页中输出内容

使用Document对象的write()方法和writeln()方法可以输出文档内容。

```html
<script type="text/JavaScript">
document.write("在网页中输出内容！")
</script>
```

运行代码即可输出网页中的内容，如图10-10所示。

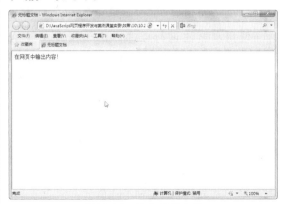

图10-10 输出网页内容

提 示

document.write()和document.writeln()有什么区别？

两者都是JavaScript向客户端输出的方法。对比可知，写法上的差别是一个ln--line的简写，换言之，writeln方法是以行输出的，相当于在write输出后加上一个换行符。

■ 10.2.5　课堂小实例——文档定位

　　文档定位就是设置和获取文档的位置，文档的位置也可以说是文档的URL。在JavaScript中，为Document对象定义了location、URL、referrer这3个属性来对文档的位置进行操作。

　　location属性和URL属性很相似，它们都具有获取文档位置的功能。

　　从运行结果中可以看出，使用location属性和URL属性都可以得到文档的位置。但是它们的表示形式不同，使用URL属性得到的是真实显示的URL，而location属性得到的URL中将空格等特殊字符转换成码值的形式来显示，这样更容易在网络中传输。

　　实例代码：

```html
<!doctype html>
<html>
<head>
<meta charset="utf-8">
<title>无标题文档</title>
</head>
<body>
<h3>文档定位</h3>
<script language="javascript" type="text/javascript">
<!--
var sstring = document.location;
document.write("<h3>使用location属性得到的URL为：");
document.write(sstring);
//-->
</script>
</body>
</html>
```

　　使用浏览器运行程序，由于程序中使用location属性重新设置了URL，在页面中出现了文档中的URL，如图10-11所示。

图10-11　文档定位

10.2.6 课堂小实例——文档标题

在JavaScript中，为Document对象定义了title属性来获得文档的标题。在HTML文件中title标记对中的内容就是文档的标题。title标记可以省略，但是文档的标题仍然存在，只是为空。

实例代码：

```
<!doctype html>
<html>
<head>
<meta charset="utf-8">
<title>空调维修移机</title>
</head>
<body>
该文档标题是：
<script type="text/javascript">
document.write(document.title)
</script>
</body>
</html>
```

使用代码document.write(document.title)输出文档的标题，使用浏览器运行程序，如图10-12所示。

图10-12 文档的标题

10.2.7 课堂小实例——打开和关闭文档

在JavaScript中，为Document对象定义了open方法和close方法，它们分别用来打开和关闭文档，打开文档与打开窗口不同，打开窗口将要在窗口和浏览器中创建一个对象，而打开文档只要向文档写入内容，打开文档要比打开窗口节省很多资源。

使用open方法来打开一个文档，原来的文档内容就会被自动删除，然后重新开始输入新内容。使用close方法来关闭一个文档，在输入新内容结束后，如果不关闭文档，就有可能造成文档无法显示。

下面通过实例来讲解打开一个新的文档、添加一些文本、然后关闭它的操作。

实例代码：

```
<!doctype html>
<html>
<head>
<meta charset="utf-8">
<title>无标题文档</title>
<script type="text/javascript">
```

```
function createNewDoc()
  {
  var newDoc=document.open("text/
html","replace");
    var  txt="<html><body>欢迎进入
JavaScript学习教程！</body></html>";
  newDoc.write(txt);
  newDoc.close();
  }
</script>
</head>
<body>
<input type="button" value="打开一个
新文档" onclick="createNewDoc()">
</body>
</html>
```

使用代码document.open（"text/html"，"replace"）打开文档，使用newDoc.close()关闭文档，在浏览器运行程序，如图10-13和10-14所示。

图10-13　打开文档前

图10-14　打开文档后

10.3 链接对象

Document对象的links属性可以返回一个数组，该数组中的每一个元素都是一个link对象，也称为链接对象。可以用links数组来访问多个link对象。每个数组的成员是一个当前页面的link对象。每个link对象（或links数组的成员）都有一些定义了地址的属性。

10.3.1 链接对象的介绍

link()方法用于把字符串显示为超链接。Link对象代表某个HTML的link元素。link元素可定义两个链接文档之间的关系。link元素被定义于HTML文档的head部分。

基本语法：

```
string.link(url);
```

url：链接地址，string类型的字符串。

下面通过实例讲述使用link()把字符串显示为超链接。

实例代码：

```
<!doctype html>
<html>
<head>
<meta charset="utf-8">
<title>链接对象</title>
</head>
<body>
<script type="text/javascript">
var str="百度网"
document.write(str.link("http://
www.baidu.com"))
</script>
</body>
</html>
```

运行代码后，可以看到给文字添加了链接，如图10-15所示。

图10-15　把字符串显示为超链接

10.3.2 课堂小实例——感知鼠标移动事件

JavaScript的onmousemove事件类型是一个实时响应的事件，当鼠标指针的位置发生变化时（至少移动1个像素），就会触发onmousemove事件。该事件响应的灵敏度主要参考鼠标指针移动速度的快慢，以及浏览器跟踪更新的速度。

实例代码：

```html
<!doctype html>
<html>
<head>
<meta charset="utf-8">
<title>无标题文档</title>
</head>
<body>
<a href="#" title="链接目标页" onmousemove="alert(this.title)"
onmouseout="alert('鼠标离开')">感知鼠标移动事件</a>
</body>
</html>
```

本实例使用onmousemove和onmouseout感知鼠标移动事件。运行代码，当鼠标经过时如图10-16所示，当鼠标离开时如图10-17所示。

图10-16 鼠标经过时

图10-17 鼠标离开时

10.4 脚本化cookie

cookie是浏览器提供的一种机制，它将Document 对象的cookie属性提供给JavaScript。可以由JavaScript对其进行控制，而并不是JavaScript本身的性质。

10.4.1 cookie介绍

cookie也称为cookies，是一种允许服务器将部分信息存储至客户端硬盘或内存，同时允许直接从客户端硬盘直接读取数据的一种数据转存技术。当用户浏览网页或者使用基于B/S的系统时，Web服务器将一部分信息（如用户名、密码、用户所属部门等基本信息）按照特定的数据结构，以小文本文件的形式存储至客户端的硬盘中。这些写入客户端硬盘的小文本文件就是当前Web服务器的cookie信息，同时cookie中还可以包含浏览网页的记录、网页停留时间、最后访问时间等详细信息。当用户再次访问Web服务器时，通过读取之前写入客户端的cookie信息，即可获取当前用户的各种信息，从而实现诸如自动登录的功能。

cookie由唯一标识的名称、值、域、路径、失效日期及安全标志组成。其中cookie的名称是不区分大小写的，cookie的失效日期指定了cookie被删除的时间，安全标志用于指定此cookie信息是否只能被安全网站访问。

cookie信息一般存储在当前登录用户所在文件夹下，cookie信息以单个文件形式存在，cookie文件一般以"cookie："开头，其次是当前登录的用户名，然后是@符号，最后是写cookie信息的Web服务器地址。

10.4.2　cookie的优点和缺点

cookie机制将信息存储于用户硬盘，因此可以作为全局变量，这是它最大的一个优点。它可以用于以下几种场合。

（1）保存用户登录状态。例如将用户id存储于一个cookie内，这样当用户下次访问该页面时就不需要重新登录了，现在很多网站的论坛和社区都提供这样的功能。cookie还可以设置过期时间，当超过该时间期限后，cookie就会自动消失。因此，系统往往可以提示用户保持登录状态的时间：常见选项有一个月、三个月、一年等。

（2）跟踪用户行为。例如天气预报网站，能够根据用户选择的地区显示当地的天气情况。如果每次都需要选择所在地就很烦琐，当利用了cookie后就会显得很人性化了，系统能够记住上一次访问的地区，当下次再打开该页面时，它就会自动显示用户上次所在地区的天气情况。因为一切都是在后台完成，所以这样的页面就像为某个用户所定制的一样，使用起来非常方便。

（3）定制页面。如果网站提供了换肤或更换布局的功能，那么可以使用cookie来记录用户的选项，例如背景色、分辨率等。当用户下次访问时，仍然可以保存上一次访问的界面风格。

（4）创建购物车。使用cookie来记录用户需要购买的商品，在结账的时候可以统一提交。

当然，上述应用仅仅是cookie所能完成的部分应用，还有更多的功能需要全局变量。cookie的缺点主要集中于安全性和隐私保护方面。主要包括以下几项内容。

（1）cookie可能被禁用。当用户非常注重个人隐私保护时，它很可能禁用浏览器的cookie功能。

（2）cookie是与浏览器相关的。这意味着即使访问的是同一个页面，不同浏览器之间所保存的cookie也是不能互相访问的。

（3）cookie可能被删除。因为每个cookie都是硬盘上的一个文件，因此很有可能被用户删除。

（4）cookie安全性不够高。所有的cookie都是以纯文本的形式记录于文件中，因此如果要保存用户名密码等信息时，最好事先对其进行加密处理。

10.4.3　检测浏览器是否支持cookie功能

cookie虽然有那么多好处，但是在使用前，网页开发者首先必须检查一下用户的浏览器是否支持cookie，否则的话就会导致许多错误信息的出现。

实例代码：

```
<script language="javascript">
if(navigator.cookieEnabled)
{
document.write("你的浏览器支持cookie功能")
}else{
document.write("你的浏览器不支持cookie");
}
</script>
```

10.4.4 创建cookie

在JavaScript中，创建cookie是通过设置cookie的键和值的方式来完成的。一个网站中cookie一般不是唯一的，可以有多个，而且这些不同的cookie还可以拥有不同的值。如要存放用户名和密码则可以用两个cookie，一个用于存放用户名，另一个用于存放密码。然后再使用Document对象的cookie属性来设置和读取cookie。

创建cookie并读取该域下所有cookie值。

实例代码：

```
<script language="JavaScript" >
<!--
document.cookie="userId=88";
document.cookie="userName=make";
var strCookie=document.cookie;
alert(strCookie);
//-->
</script>
```

用上述方法无法获得某个具体的cookie值，所得到的是当前域名下的所有cookie。

10.4.5 cookie的生存期

在默认情况下，cookie是临时存在的。在一个浏览器窗口打开时，可以设置cookie，只要该浏览器窗口没有关闭，cookie就一直有效，而一旦浏览器窗口关闭后，cookie也就随之消失。

如果想要cookie在浏览器窗口关闭之后还能继续使用，就需要为cookie设置一个生存期。所谓生存期也就是cookie的终止日期，在这个终止日期到达之前，浏览器随时都可以读取该cookie。一旦终止日期到达之后，该cookie将会从cookie文件中删除。

要将cookie设置为10天后过期，可以这样实现：

实例代码：

```
<script language="JavaScript" type="text/javascript">
<!--
//获取当前时间
var date=new Date();
var expiresDays=10;
//将date设置为10天以后的时间
date.setTime(date.getTime()+expiresDays*24*3600*1000);
//将userId和userName两个cookie设置为10天后过期
document.cookie="userId=88; userName=make; expires="+date.toGMTString();
//-->
</script>
```

10.5 实战应用——文字连续变换多种颜色

在网页中的超链接文字都具有一成不变的颜色，设置后无法改变，以下的脚本就是让超链接文字连续变换多种颜色，有点像霓虹灯的效果，具体操作步骤如下。

（1）使用Dreamweaver CC 打开网页文档，如图10-18所示。

（2）打开拆分视图，在<body>和</body>之间相应的位置输入以下代码，如图10-19所示。

```
<a href="#">首页 | 公司简介 | 公司新闻
</a>
<script language="JavaScript">
function initArray() {
for (var i = 0;
i < initArray.arguments.length;
i++)
{
this[i] = initArray.arguments[i];
}
this.length = initArray.arguments.length;
}
var colors = new initArray( "#000000","#0000FF","#80FFFF","#80FF80",
"#FFFF00","#FF8000","#FF00FF","#FF0000" );
delay = 100
link = 0;
vlink = 0;
function linkDance() {
link = (link+1)%colors.length;
vlink = (vlink+1)%colors.length;
document.linkColor = colors[link];
document.vlinkColor = colors[vlink];
setTimeout("linkDance()",delay);
}
linkDance();
</script>
</div>
```

图10-18 打开网页文档

图10-19 输入代码

（3）保存文档，在浏览器中浏览效果，如图10-20所示。

图10-20 文字连续变换多种颜色效果

10.6 课后练习

1. 填空题

（1）Document文档对象是JavaScript中_____和_____对象的一个属性，是显示于窗口或框架内的一个文档。

（2）Document对象是JavaScript中使用最多的对象，因为Document对象可以操作html文档的内容和对象。Document对象除了有大量的方法和属性之外，还有大量的子对象，这些对象可以用来控制html文档中的_____、_____、_____等控件。

（3）使用Document对象的_____、_____和_____可以分别设置文档超链接颜色。

2. 操作题

制作一个用鼠标改变链接背景色的效果，如图10-21所示。

图10-21 改变背景色

第11章
历史对象和地址对象

本章导读

JavaScript的History对象记录了用户曾经浏览过的页面，并可以实现与浏览器前进与后退相似的导航功能。可以通过back函数实现后退一个页面，forward函数实现前进一个页面，或者使用go函数实现任意后退或前进页面，还可以通过length属性来查看history对象中存储的页面数。

技术要点

◎ 历史对象的介绍
◎ 前进到上一页和后退到下一页
◎ 跳转
◎ 地址对象

实例展示

用户登录

11.1 历史对象

JavaScript中的History历史对象包含的用户已浏览的URL的信息，是指浏览器的浏览历史。

11.1.1 历史对象的介绍

History在JavaScript中是用来后退的，基本写法history.back()是常用的写法。

History对象是window对象的属性，History对象没有事件，但有4个属性，如下所示：

- current，窗口中当前所显示文档的URL。
- length，表示历史表的长度。
- next，表示历史表中的下一个URL。
- PROVIOUS，表示历史表中的上一个URL。

History对象提供了3个方法来访问历史列表：

- history.back()，载入历史列表中前一个网址，相当于按下"后退"按钮。
- history.forward()，载入历史列表中后一个网址，（如果有的话）相当于按下"前进"按钮。
- history.go()，打开历史列表中一个网址。要使用这个方法，必须在括号内指定一个正数或负数。例如，history.go（-2）相当于按两次"后退"按钮。

11.1.2 课堂小实例——前进到上一页和后退到下一页

History对象可以实现网页上的前进和后退效果，有forward()和back()两种方法。forward()方法可以前进到下一个访问过的URL，该方法和单击浏览器中的"前进"按钮的结果是一样的。back()方法可以返回到上一个访问过的URL，调用该方法与单击浏览器中的"后退"按钮的结果是一样的。

实例代码：

```
<!doctype html>
<html>
<head>
<meta charset="utf-8">
<title>无标题文档</title>
</head>
<body>
<form name="buttonbar">
<input type="button" value="上一页" onClick="history.back()">
<input type="button" value="下一页" onCLick="history.forward()">
</form>
<a href="shang.html"><li>上一页
<a href="xia.html"><li>下一页
</body>
</html>
```

运行代码的效果如图11-1所示。

图11-1　前进到上一页和后退到下一页

11.1.3　课堂小实例——跳转

使用go()方法可以在用户的历史记录中任意跳转，可以向后也可以向前跳转。这个方法接受一个参数，表示向后或向前跳转的页面数的一个整数值。负数表示向后跳转（类似于单击浏览器中的"后退"按钮），正数表示向前跳转（类似于单击浏览器中的"前进"按钮）。

实例代码：

```
<script language="javascript">                        // 程序开始
var scnds = 7                                         // 7秒
function Go()                                          // 处理定时器事件
{
if( --scnds == 0 ) window.location.href="http://www.baidu.com"; // 时间到时跳转
else INFO.innerHTML="浏览器将在" + scnds + "后跳转到百度首页" ;      // 输出提示
}
setInterval("Go()",1000);                             // 设置定时器
</script><label id="INFO"/>                          <!--信息标签-->
```

本实例在7秒后即可跳转到百度网首页，运行代码的效果如图11-2所示。

图11-2 跳转

11.1.4 课堂小实例——创建返回或前进到数页前页面的按钮

history.go(n)：在历史的范围内去到指定的一个地址。如果n<0，则后退n个地址；如果n>0，则前进n个地址；如果n=0，则刷新现在打开的网页。

基本语法：

```
onClick="history.go(n) "
```

使用该脚本语言创建一个按钮，可以前进或返回到数页前的页面。

实例代码：

```
<!doctype html>
<html>
<head>
<meta charset="utf-8">
<title>无标题文档</title>
</head>
<body>
创建返回或前进到数页前页面的按钮
<p>
<form>
<input type="button" value=" 返回到第3页 " onClick="history.go(-3)">
<input type="button" value=" 返回到第2页 " onClick="history.go(-2)">
<input type="button" value=" 前进至第2页 " onClick="history.go(2)">
<input type="button" value=" 前进至第3页 " onClick="history.go(3)">
</form>
</p>
</body>
</html>
```

单击不同的按钮，将调用onClick事件指定的history.go(n)方法，跳转到指定数量n的页面中，如图11-3所示。

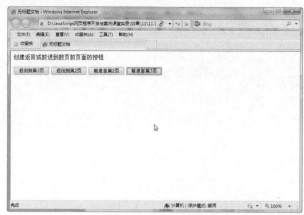

图11-3　返回或前进到数页前页面的按钮

11.2　地址对象

Location地址对象描述的是某一个窗口对象所打开的地址。要表示当前窗口的地址，只需要使用location就行了，若要表示某一个窗口的地址，就要使用"<窗口对象>.location"。

11.2.1　URL介绍

URL(Uniform Resource Locator)指统一资源定位器，可以把它想像成文件名的网络扩展。

通过URL，不但可以指出在目录下的文件名，并且可以指出在网络上的哪一台机器目录下的文件。这个文件可以通过各种不同的方式得到。

URL相当于一个文件名在网络范围的扩展。因此URL是与因特网相连的机器上的任何可访问对象的一个指针。

通常情况下，一个URL会有下面的格式：协议//主机:端口/路径名称#哈希标识？搜索条件。

例如：http://www.baidu/jiaocheng/index.html#topic1?x=5&y=7，这些内容是满足下列需求的：

- "协议"是URL的起始部分，直到包含到第一个冒号。
- "主机"描述了主机和域名，或者一个网络主机的IP地址。
- "端口"描述了服务器用于通讯的通讯端口。
- 路径名称描述了URL的路径方面的信息。
- "哈希标识"描述了URL中的锚名称，包括哈希掩码(#)。此属性只应用于HTTP协议下的URL。
- "搜索条件"描述了该URL中的任何查询信息，包括问号。此属性只应用于HTTP协议下的URL。"搜索条件"字符串包含变量和值的配对；每个配对之间由一个"&"连接。

11.2.2　课堂小实例——获取当前页面的URL

在网页编程中，经常会遇到地址的处理问题，这些都与地址本身的属性有关，这些属性大多都是用来引用当前文档的URL的各个部分。Location对象中包含了有关URL的信息。

基本语法：

```
location.href
location.protocol
location.pathname
location.hostname
location.host
```

href属性设置URL的整体值，protocol属性设置URL内的http及ftp等协议类型的值，hostname属性设置URL内的主机名称的值，pathname属性设置URL内的路径名称的值，host属性设置主机名称及端口号的值。

实例代码：

```
<!doctype html>
<html>
<head>
<meta charset="utf-8">
<title>无标题文档</title>
<script language="javascript">
function getMsg()
{
url=window.location.href;
with(document)
{
write("协议："+location.protocol+"<br>");
write("主机名："+location.hostname+"<br>");
write("主机和端口号："+location.host+"<br>")
write("路径名："+location.pathname+"<br>");
write("整个地址："+location.href+"<br>");
}
}
</script>
</head>
<body>
<input type="submit" name="Submit" value="获取指定地址属性值"
onclick="getMsg()" />
</body>
</html>
```

本实例通过.location获得当前的URL信息，运行代码的效果如图11-4和图11-5所示。

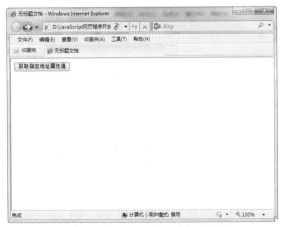

图11-4　获取指定地址的各属性值

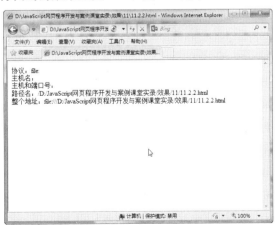

图11-5　获取指定地址的各属性值

11.2.3 课堂小实例——加载新网页

Location对象的属性不是只读属性，还可以为location对象的属性赋值。Location对象的href属性返回值为当前URL，如果该属性值设置为新的URL，那么浏览器会自动加载该URL的内容。如果修改了Location对象的其他属性，浏览器也会自动更新URL，并显示新的URL内容。

实例代码：

```html
<!doctype html>
<html>
<head>
<meta charset="utf-8">
<title>无标题文档</title>
<script language="javascript">
function gotoUrl()
{
window.location.href="http://www.baidu.com";    // 前往指定的页面
}
</script>
</head>
<body>
<input type="submit" name="Submit" value="单击进入百度" onClick="gotoUrl()" />
</body>
</html>
```

"单击进入百度"按钮即可进入到指定的加载页面中，运行代码的效果如图11-6和图11-7所示。

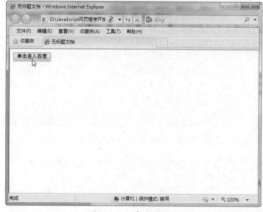

图11-6 单击按钮

图11-7 进入百度网

11.2.4 课堂小实例——获取参数

search属性是一个可读、可写的字符串，可设置或返回当前URL的查询部分（问号?之后的部分）。通过Location对象的search属性，可以获得从URL中传递来的参数和参数值。

实例代码：

```html
<!doctype html>
<html>
<head>
```

```
<meta charset="utf-8">
<script language="javascript">
function init()
{
var str=window.location.href                      //取得当前的地址
var pos=str.indexOf("?");                          //以?为标志找其所在位置
if(pos==-1)
{
text.value="无参数";
}
else
{
var strs=str.substring(pos+1,str.length);
var strValue=strs.split('&');
var i=0;
while(i<strValue.length)
{
text.value+=strValue[i]+"\r\n";
i++;                                              //变量加1
}
}
}
</script>
</head>
<body onLoad="init()">
<label>
<div align="center">
<p>
<textarea name="text" rows="10"></textarea> </p>
<p><a href="获取参数.html?id1=10&id2=11&id3=12&id4=13&id5=14&id9=19">查看参数
</a></p>
</div>
</label>
</body>
```

运行代码的效果如图11-8所示。

图11-8 刷新文档

11.2.5　重新装载当前文档

Location对象的reload()方法可以重新装载当前文档，replace()可以装载一个新文档而无须为它创建一个新的历史记录。如果该方法没有规定参数，或者参数是false，它就会用HTTP头If-Modified-Since来检测服务器上的文档是否已改变。如果文档已改变，reload()会再次下载该文档。如果文档未改变，则该方法将从缓存中装载文档。这与用户单击浏览器中的"刷新"按钮的效果是完全一样的。

实例代码：

```html
<!doctype html>
<html>
<head>
<meta charset="utf-8">
<title>无标题文档</title>
<script type="text/javascript">
function setReload(){
window.location.reload();
}
</script>
</head>
<body>
<button onclick="setReload()">刷新页面</button>
</body>
</html>
```

本实例单击"刷新页面"按钮即可成功刷新页面，运行代码的效果如图11-9所示。

图11-9　刷新文档

11.2.6　课堂小实例——加载新文档

Location对象的replace()方法可用一个新文档取代当前文档以达到加载新文档的目的。replace()方法的参数可以是函数而不是字符串。在这种情况下，每个匹配都调用该函数，它返回的字符串将作为替换文本使用，该函数的第一个参数是匹配模式的字符串。

location.replace()与location.reload()有什么区别？

location.reload()方法用于刷新当前页面，如果有POST数据提交，则会重新提交数据；location.reload()则用新的页面来替换当前页面，它是从服务器端重新获取新的页面，不会读取客户端缓存且新的URL将覆盖History对象中的当前记录（不可通过"后退"按钮返回原先的页面）。

基本语法：

```
location.replace( new_URL )
```

实例代码：

```html
<!doctype html>
<html>
<head>
<meta charset="utf-8">
<title>无标题文档</title>
<script>
var pos = 0
function test()
{
str=window.location;
str=str.replace('/');
window.location.str;
}
function goUrl()
{
pos++
 location.replace("http://www.baidu.com#" + pos)
}
</script>
</head>
<body>
<input type=button value="加载的新文档" onclick="goUrl()"></body>
</html>
```

运行代码效果，单击"加载的新文档"按钮，触发goUrl()函数，浏览器将加载百度首页以替换当前页面，如图11-10和图11-11所示。

图11-10 单击"加载的新文档"按钮

图11-11 加载新文档

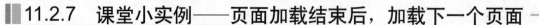

11.2.7 课堂小实例——页面加载结束后，加载下一个页面

href是Location最重要的属性，用于获取当前文档的URL或设置URL。如果设置URL，将导航到新的页面。下面通过实例讲解实现一个页面加载结束后，加载下一个页面的操作。

实例代码：

```
<html>
<head>
<meta http-equiv="content-script-type" content="text/javascript">
<meta http-equiv="content-style-type" content="text/css">
<title></title>
<script type="text/javascript">
<!--
function next1(){ location.href = "http://www.sina.com.cn/" }
-->
</script>
<style type="text/css">
<!--
body { background-color: #ffffff; }
-->
</style>
</head>
<body onload="settimeout('next1()',10000)">
*页面加载结束后，加载下一个页面
<p>页面加载结束10秒钟后加载下一个页面</p>
<img src="e.jpg" width="474" height="276">
</body>
</html>
```

在本例中，当页面加载结束10秒后，触发next1()函数，在浏览器中加载location.href中设定的URL。通过变更"settimeout('next1()',10000)"中的10000可以变更加载下一个页面的时间。运行代码的效果如图11-12和图11-13所示。

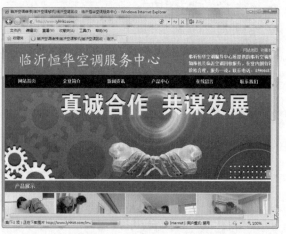

图11-12　加载页面前　　　　　　　图11-13　加载下一个页面

11.3 实战应用

运用上面的所学知识，制作一个简单的用户登录页面，需要输入用户名和密码进行验证，具体操作步骤如下。

（1）使用Dreamweaver CC打开网页文档，如图11-14所示。

（2）打开代码视图，在<head>和</head>之间相应的位置输入以下代码，如图11-15所示。

```
<script>
function ok()
{
if(document.myform.myname.value.length<1)
alert("用户名不能为空");
else if(document.myform.psw.value!="123456")
alert("密码错误");
else
window.open().document.write("欢迎光临，"+document.myform.myname.value+"<a
href=http://www.google.com>请点击这里</a>");}
</script>
```

图11-14 打开网页文档

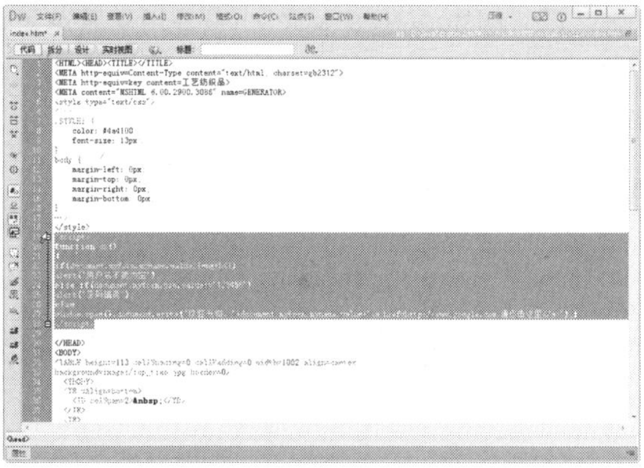

图11-15 输入代码

（3）打开拆分视图，在<body>和</body>之间相应的位置输入以下代码，如图11-16所示。

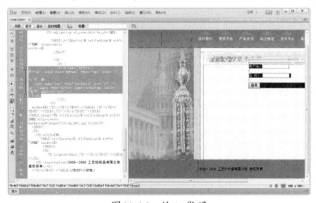

图11-16 输入代码

（4）运行代码，用户登录前如图11-17所示，输入密码登录后如图11-18所示。

图11-17 用户登录前

图11-18 用户登录后

11.4 课后练习

1．填空题

（1）JavaScript中的_____包含的用户已浏览的URL的信息，是指浏览器的浏览历史。

（2）History在JavaScript中是用来后退了，基本写法_____是常用的写法。

（3）Location对象的_____方法可以重新装载当前文档，_____可以装载一个新文档而无须为它创建一个新的历史记录。

2．操作题

设计网页中常见的回退到某页的代码，如图11-19所示。

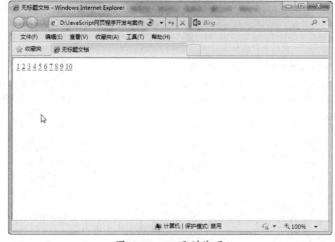

图11-19 回退到某页

第12章
表单对象和图片对象

本章导读

　　表单是最常见的与JavaScript一起使用的HTML元素之一。在网页中用表单来收集从用户那里得到的信息，并且将这些信息传输给服务器来处理。要实现动态交互，必须掌握有关表单对象Form更为复杂的知识。就和JavaScript里的很多其他对象一样，Image对象也带有多个事件处理程序，可以通过image对象来处理与图片有关的各种特效。

技术要点

◎ Form表单对象
◎ Image图片对象

实例展示

飘来飘去的图片

输入密码进入网页

12.1　Form表单对象

在JavaScript程序中，使用Form标记来创建表单对象。通常在Form标记对中定义了表单控件标记，这些表单控件标记就创建了form元素对象。

12.1.1　课堂小实例——在链接中使用单选按钮

用JavaScript控制单选按钮，可自定义每个按钮的链接地址，从而改变该链接的网址，根据用户的选择返回不同的链接地址。

本例在单选按钮中设置事件句柄onClick，以便在单击单选按钮时触发函数，传递URL并在f2框架中加载页面。

使用Location对象的herf属性从框架中读取页面时，关闭框架显示页面的操作如本例所示，需要指定"parent.top.location.href=URL"及top属性。

```
<input type="radio" name= " radio 对象名称"  value="值"事件句柄>
```

在链接中使用单选按钮的效果如图12-1至图12-5所示。

图12-1 在链接中使用单选按钮的效果

图12-2 在链接中使用单选按钮的效果

图12-3 在链接中使用单选按钮的效果

图12-4 在链接中使用单选按钮的效果

图12-5 在链接中使用单选按钮的效果

在实际测试时，需要另准备"f2.html"、"page1.html"、"page2.html"、"page3.html"、"top.html" 5个HTML文件。

框架窗口（index.html）实例代码：

```
<frameset cols="180,*">
    <frame src="f1.html" name="f1">
    <frame src="f2.html" name="f2">
</frameset>
<noframes>
使用框架功能。请在支持框架的浏览器中进行测试。
</noframes>
```

f1.html实例代码：

```
<!doctype html>
<html>
<head>
<meta charset="utf-8">
<title></title>
<script type="text/javascript">
<!--
function p1(w1) { parent.f2.location.href=w1 }
function tp(w2) { parent.top.location.href=w2 }
//-->
</script>
<style type="text/css">
<!--
body { background-color: #ffffff; }
-->
</style>
</head>
<body>
<form>
<p>
 <input type="radio" name= "frgo" value="fr" onclick="p1('f2.html')" checked>返
回顶部
</p>
<p>
 <input type="radio" name= "frgo" value="fr" onclick="p1('page1.html')">第1页
</p>
<p>
 <input type="radio" name= "frgo" value="fr" onclick="p1('page2.html')">第2页
</p>
<p>
 <input type="radio" name= "frgo" value="fr" onclick="p1('page3.html')">第3页
</p>
<p>
 <input type="radio" name= "frgo" value="fr" onclick="tp('top.html')">关闭框架
</p>
</form>
</body>
</html>
```

12.1.2　课堂小实例——给按钮添加链接

按钮是网页中常常能见到的一种对象，下面给按钮添加链接。

```
<input type="button" name="对象名称" Value="值"事件句柄>
```

使用window对象的open()方法向框架中读取页面时，关闭框架显示页面的操作如本例一样，需要指定"window.open(URL, "_TOP")"和窗口名称"_top"。

在实际测试时，需另行准备"f1.html"、"page1.html"、"page2.html"、"page3.html"、"top.html" 5个HTML文件。

框架窗口（index.html）实例代码：

```
<!doctype html>
<html>
<head>
<meta charset="utf-8">
<title></title>
</head>
<frameset rows="*,100">
    <frame src="f1.html" name="f1">
    <frame src="f2.html" name="f2">
</frameset>
<noframes>
使用框架功能。请在支持框架的浏览器中进行测试。
</noframes>
</html>
```

f2.html实例代码：

```
<!doctype html>
<html>
<head>
<meta charset="utf-8">
<title></title>
<script type="text/javascript">
<!--
function P1(w1) { window.open(w1,"f1") }
function TP(w2) { window.open(w2,"_top") }
//-->
</script>
<style type="text/css">
<!--
body { background-color: #ffffff; }
-->
</style>
</head>
<body>
<form>
<input type="button" name= "FBGo1" value="跳转至顶部"
onClick="P1('f1.html')">
<input type="button" name= "FBGo2" value=" 第1页 "
```

```
onClick="P1('page1.html')">
<input type="button" name= "FBGo3" value=" 第2页 "
onClick="P1('page2.html')">
<input type="button" name= "FBGo4" value=" 第3页 "
onClick="P1('page3.html')">
<input type="button" name= "FBGo4" value=" 关闭框架 "
onClick="TP('top.html')">
</form>
</body></html>
```

给按钮添加链接的效果如图12-6到图12-10所示。

图12-6　给按钮添加链接的效果

图12-7　给按钮添加链接的效果

图12-8　给按钮添加链接的效果

图12-9　给按钮添加链接的效果

图12-10　给按钮添加链接的效果

本例为在按钮中设置事件句柄onClick，以便在单击按钮时触发函数，进而传递URL并在f1框架中加载页面。

12.1.3 课堂小实例——给下拉菜单添加链接

很多Web站点都采用某种形式的下拉菜单。下拉菜单可以设计用于访问子菜单，而这些子菜单进而可以访问其他子菜单。现在，就可以给下拉菜单添加链接。

```
<select name="对象名称" 事件句柄>
```

在JavaScript中，由于程序会自动创建从0开始的选项数组，因此可以查看所选择的选项。先在"WO0FSGo.selectedIndex==0"中指出select名称FSGo的第一个索引，即"<option>跳转至顶部"。当此值为真时，将指定的"f1.html"的URL读取到框架f1中。

在实际测试时，需另行准备"f1.html"、"page1.html"、"page2.html"、"page3.html"、"top.html" 5个HTML文件。

框架窗口（index.html）实例代码：

```
<!doctype html>
<html>
<head>
<meta charset="utf-8">
<title></title>
</head>
<frameset rows="*,80">
    <frame src="f1.html" name="f1">
    <frame src="f2.html" name="f2">
</frameset>
<noframes>
使用框架功能。请在支持框架的浏览器中进行测试。
</noframes>
</html>
```

f2.html实例代码：

```
<!doctype html>
<html>
<head>
<meta charset="utf-8">
<title></title>
<script type="text/javascript">
<!--
function FC(WO) {
    if (WO.FSGo.selectedIndex == 0) { parent.f1.location.href = "f1.html" }
    if (WO.FSGo.selectedIndex == 1) { parent.f1.location.href = "page1.html" }
    if (WO.FSGo.selectedIndex == 2) { parent.f1.location.href = "page2.html" }
    if (WO.FSGo.selectedIndex == 3) { parent.f1.location.href = "page3.html" }
    if (WO.FSGo.selectedIndex == 4) { parent.top.location.href = "top.html" }
}
//-->
</script>
```

```
<style type="text/css">
<!--
body { background-color: #ffffff; }
-->
</style>
</head>
<body>
<form>
  <select name="FSGo" onChange="FC(this.form)">
    <option> 跳转至顶部
    <option>第1页
    <option>第2页
    <option>第3页
    <option>关闭框架
  </select>
</form>
</body></html>
```

给下拉菜单添加链接的效果如图12-11到图12-13所示。

图12-11　在链接中使用菜单的效果

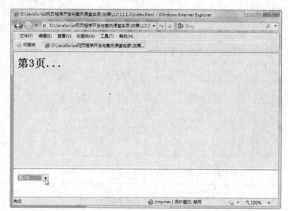

图12-12　在链接中使用菜单的效果

图12-13　在链接中使用菜单的效果

本例为获取表单内容变化时的事件，通过onChange事件句柄，在变更菜单选项时，触发"FCO"函数。

12.1.4 课堂小实例——在文本框中滚动显示文字

在文本框中结合JavaScript实现文字慢慢滚动显示的效果，给网页增加富有创意的文字特效。

```
<form name="表单对象名称">
<input type="text" name="text对象名称" size=像素>
```

实例代码：

```
<!doctype html>
<html><head>
<meta charset="utf-8">
<title></title>
<script type="text/javascript">
<!--
var TC = 0;
var Fm1 = "                                                          ";
var Fm2 = "滚动文本……";
var Fm = Fm1+Fm2;
function FMess() {
    if (TC < 1000) { //通过变更该处数值来改变滚动时间
        TC++;
                    document.Fmess.fmess.value = Fm;
                    Fm = Fm.substring(2,Fm.length) + Fm.substring(0,2);
                    setTimeout("FMess()",300);
                    }
    else { document.Fmess.fmess.value = "" }
}
//-->
</script>
<style type="text/css">
<!--
body { background-color: #ffffff; }
-->
</style>
</head>
<body onLoad="FMess()">
在文本框中滚动显示文字
<p>
<form name="Fmess">
<input type="text" name="fmess" SIZE=50>
</form>
</p>
</body></html>
```

在文本框中滚动显示文字的效果如图12-14和图12-15所示。

图12-14　在文本框中滚动显示文字的效果　　　　图12-15　在文本框中滚动显示文字的效果

　　由于文字是在文本框中滚动，而不是在状态栏中滚动，所以要将"window.status"部分替换
为"document.Fmess.fmess.value"。这表示document对象中名称为Fmess的表单对象中名为
Fmess对象的名称的值，并将字符串代入其中。

12.1.5　课堂小实例——变更复选框的值

　　复选框是一种具有双状态按钮的特殊类型，可以选中或者不选中。下面制作一个变更复选框
值的实例。

```
<form name="表单对象名称">
<input type="checkbox" name="checkbox对象名称" value="值">
document.表单名称.checkbox对象名称.value="值"
```

实例代码：

```html
<!doctype html>
<html>
<head>
<meta charset="utf-8">
<title></title>
<script type="text/javascript">
<!--
function change1(value){ document.form.checkbox.value=value }
function change2(){ alert(document.form.checkbox.value) }
//-->
</script>
<style type="text/css">
<!--
body { background-color: #ffffff; }
-->
</style>
</head>
<body>
*变更复选框的值
<p>
```

```
<form>
    <input type="button" value=" 变更值 " onclick="change1('已变更。')">
    <br>
    <input type="button" value=" 还原 " onclick="change1('checkbox')">
</form>
</p>
<hr>
<form name="form">
        <input type="checkbox" name="checkbox" value="checkbox"
checked>checkbox<br>
    <input type="button" value=" 查看form值 " onclick="change2()">
</form>
</body></html>
```

变更复选框的选中文本的效果如图12-16和图12-17所示。

图12-16 变更复选框的选中文本的效果

图12-17 变更复选框的选中文本的效果

通过设定value属性的值，可实现后续变更复选框值的功能。

在本例中，单击"变更值"按钮时，通过将"已变更。"值设置在复选框的value属性中，使复选框的值变更为"已变更。"。同样，在单击"还原"按钮时，恢复初始值CheckBox。另外，单击"查看form值"按钮时，就会弹出警告对话框，通过查看对话框中显示的复选框的值，可确定该值是否已被变更。

12.1.6 课堂小实例——密码验证

使用JavaScript制作的表单可以作为网页的登录入口。本实例就来制作一个简单的登录系统，如果输入的密码正确，则可以登录到网页；如果不正确，则给出提示信息。

实例代码：

```
<!doctype html>
<html>
<head>
<meta charset="utf-8">
<title></title>
<script type="text/javascript">
<!--
```

```
function  GetP(s) {
    if (s=="123456")  { location.href = "OK.html" }
     else { alert("输入的密码"+s+"不正确!!") }
}
//-->
</script>
<style type="text/css">
<!--
body { background-color: #ffffff; }
-->
</style>
</head>
<body>
*输入密码
<p>
密码为"123456"<br>
输入后请单击表单以外的其他地方。<br>
<form name="anshyo">
<input type="password" name="anshyo" onBlur=" GetP(this.value)" value="">
</form>
</p>
</body>
</html>
```

输入密码的效果如图12-18和图12-19所示。

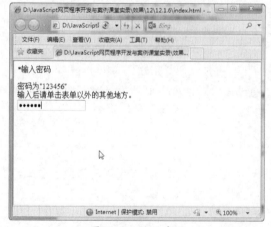

图12-18　输入密码

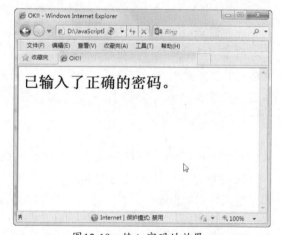

图12-19　输入密码的效果

12.1.7　课堂小实例——确认是否重置

在本例中，单击"重置"按钮时，弹出确认对话框。单击"确定"按钮后清空文本框中的内容，否则中止重置过程。

onReset="脚本语言|函数"

实例代码:

```
<!doctype html>
<html>
<head>
<meta charset="utf-8">
<title></title>
<script type="text/javascript">
<!--
function Mcheck() {
    if ( confirm ('重置文本框中的内容。 \n同意请单击"确定"按钮')) { return true }
return false }
//-->
</script>
<style type="text/css">
<!--
body { background-color: #ffffff; }
-->
</style>
</head>
<body>
*确认是否重置
<p>
<form name="mail4" action="mailto:****@******.com" method="post"
onreset="return mcheck()">
<b>名字:</b><input name="namae" size=20>
<hr>
<input type="submit" name="book1" value="发送邮件">
<input type="reset" value=" 重置 ">
</form>
</p>
</body>
</html>
```

使用onReset事件句柄可以获取在单击"重置"按钮时的事件。确认是否重置的效果如图12-20所示。

在实际测试时,需设定接收数据的CGI服务器,确定是否将本例中的****@******.com部分变更成为接收邮件的地址。

图12-20　确认是否重置的效果

12.1.8 课堂小实例——选择上传的文件

FileUpload对象是选择上传文件的表单。本例中单击"浏览"按钮后可以查看本地资源，选择后在文本框中就会显示文件名称。这时Value属性中将保存资源路径信息，可使用"document.表单名称.file对象名称.value"进行查看。

FileUpload对象只能选择上传的文件，而实际的上传操作需要借助HTML及CGI完成。在JavaScript中为了确保安全，所以禁止访问本地资源。

```
<input type="file" name="file对象名称">
document.表单名称.file对象名称.value
```

实例代码：

```
<!doctype html>
<html>
<head>
<meta charset="utf-8">
<title></title>
<style type="text/css">
<!--
body { background-color: #ffffff; }
-->
</style>
</head>
<body>
选择上传的文件
<form name="form1">
<p>
准备上传的文件：<input type="file" name="UploadFile">
</p>
<input type="button" value=" 文件信息 "
    onClick="alert('该文件的路径为' + document.form1.UploadFile.value+'。')">
</form>
</body></html>
```

选择上传文件的效果如图12-21至图12-23所示。

图12-21　选择上传的文件

图12-22 选择上传文件的效果

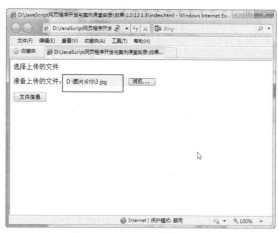

图12-23 选择上传文件的效果

12.2 image图片对象

大量采用高解析度的图片的确可以让一个网页容光焕发，本节就介绍image图片对象的使用。

12.2.1 课堂小实例——获取图片信息

利用Image对象可以创建页面上图片从0开始的数组。参考Image对象信息时，除了可以使用<img>中设置的name外，还可以使用数组。

document. 对象名.border	【属性】
document. 对象名. Complete	【属性】
document. 对象名. Height	【属性】
document. 对象名. hspace	【属性】
document. 对象名. Lowsrc	【属性】
document. 对象名. Src	【属性】
document. 对象名. Vspace	【属性】
document. 对象名. Width	【属性】

Border属性用来设置边框值；在图片加载结束时，Complete属性的值为true，在图片加载没有结束时，Complete属性值为false；Height属性用来设置图片的高度，Hspace属性用来设置与文件的横向间隔；Lowsrc属性用来设置在显示图片前，所显示的低分辨率图片的URL；Src属性用来设置图片文件的URL；Vspace属性用来设置与文件的纵向间隔；Width属性用来设置图片的宽度。

其中除Scr属性外均为只读属性，不允许变更。由于Scr属性可变更，所以可以通过改变该属性来替换图片。

实例代码：

```
<!doctype html>
<html>
<head>
<meta charset="utf-8">
<title></title>
```

```
<style type="text/css">
<!--
body { background-color: #ffffff; }
-->
</style>
</head>
<body>
获取图片信息
<p>
<img src="image2.jpg" name="IMG" alt="image.jpg" width="100" height="100"
lowsrc="image1.jpg" border="2" hspace="2" vspace="2">
</p>
<p>
<script type="text/javascript">
<!--
document.write("边框: ");
document.write(document.IMG.border);
document.write("<br>");
document.write("加载是否结束: ");
document.write(document.IMG.complete);
document.write("<br>");
document.write("图片的高度: ");
document.write(document.IMG.height);
document.write("<br>");
document.write("图片的hspace: ");
document.write(document.IMG.hspace);
document.write("<br>");
document.write("lowsrc的URL: ");
document.write(document.IMG.lowsrc);
document.write("<br>");
document.write("图片的URL: ");
document.write(document.images[0].src);
document.write("<br>");
document.write("图片的vspace: ");
document.write(document.images[0].vspace);
document.write("<br>");
document.write("图片的宽度: ");
document.write(document.images[0].width);
//-->
</script>
</p>
</body>
</html>
```

获取图片信息的效果如图12-24所示。

图12-24 获取图片信息的效果

12.2.2 课堂小实例——图片轮番显示效果

JavaScript可以让多个Banner图片广告轮番交替显示，如果你的网站广告位被占满了，可以考虑让多个图片广告轮番交替显示，同时链接也跟着变化，这样是不是为你节省了宝贵的广告位。

```
对象名称=new Image()
document.对象名称.scr
```

实例代码：

```
<!doctype html>
<html>
<head>
<meta charset="utf-8">
<title></title>
<script type="text/javascript">
<!--
var imagesetb = 1;
anima = new array();
for(i = 0; i < 6; i++) {
anima[i] = new image() ;
anima[i].src = "image" + i + ".jpg" ;
}
function anime_1() {
document.animation.src = anima[imagesetb].src;
imagesetb++;
if(imagesetb > 5) {
imagesetb = 0;
}
settimeout("anime_1()",500);
}
```

```
//-->
</script>
<style type="text/css">
<!--
body { background-color: #ffffff; }
-->
</style>
</head>
<body onload="anime_1()">
*制作图片的动画效果
<p>
<img src="image0.jpg" name="animation" alt="animation" border="0" width= "375"
height="263">
</p>
</body>
</html>
```

制作图片轮番显示的效果如图12-25和图12-26所示。

图12-25　图片轮番显示的效果

图12-26　图片轮番显示的效果

由于Scr属性可以变更，因此利用该属性可以实时切换多张图片，即刻实现动画效果。

本例中，首先准备"image1.jpg"～"image5.jpg"这5张图片，使用array对象创建image对象的数组。数组元素中含有"anima[1]"～"anima[5]"5个image对象，然后分别在image对象中设置图片文件的url值，如在"anima[1].scr"中设置"image1.jpg"值，在"anima[2]scr"中设置"image2.jpg"值等。

读取页面时，设置在<body>中的onload事件句柄将会触发设置动画处理的函数"anime_1()"。在函数处理中，在"document.animation.scr"中设置"anima[1]"～"anima[5]"值，在"settimeout"处理中再次触发函数。"document.animation.scr"中所设的值从"anima[1].scr"开始执行，直到"anima[5].scr"时停止，之后执行第13行到第15行的代码，将数值再次返回到"anima[1].scr"。如此反复操作即可实现动画效果。

12.2.3　课堂小实例——控制动画播放

本例中使用了上节"图片轮番显示效果"中创建的Image对象数组来制作控制动画的播放效果。

对象名称=new Image()
Document.对象名称.scr

实例代码:

```html
<!doctype html>
<html>
<head>
<meta charset="utf-8">
<title></title>
<script type="text/javascript">
<!--
var timeset1 = 500;
var imageseta = 1;
anima = new array();
for(i = 0; i < 6; i++) {
    anima[i] = new image();
    anima[i].src = "image" + i + ".jpg";
}
function anime_2() {
    document.animation.src = anima[imageseta].src;
    imageseta++;
        if( imageseta > 5) {
        imageseta = 0;
        }
    timerid=settimeout("anime_2()", timeset1);
}
function stop(){
    cleartimeout(timerid);
}
//-->
</script>
<style type="text/css">
<!--
body { background-color: #ffffff; }
-->
</style>
</head>
<body>
控制动画播放
<p>
<img src="image0.jpg" name="animation" alt="animation" border="0" width="370"
height="260">
</p>
```

```
<form>
    <input type="button" value=" 开始 " onclick="anime_2()">
    <input type="button" value=" 停止 " onclick="stop()">
</form>
</body>
</html>
```

控制动画播放的效果如图12-27和图12-28所示。

<table>
<tr><td align="center">图12-27　控制动画播放的效果</td><td align="center">图12-28　控制动画播放的效果</td></tr>
</table>

单击"开始"按钮时，触发"anime_2()"函数，调用Image对象数组的值，开始播放动画。单击"停止"按钮时，触发"stop()"函数，使用"clear Timeout()"方法停止播放动画。

通过在"ID名=setTimeout()"及"setTimeout()"方法中设置ID，并在"clearTimeout(ID名)"及"clearTimeout()"方法中调用该ID来设置"clear-Timeout()"方法。

12.2.4　课堂小实例——指向或单击图片时，使图片发生变换

本例首先准备了3张图片，分别为普通的按钮图片"button1.jpg"，鼠标位于按钮上时的图片"button2.jpg"，单击按钮时的图片"button3.jpg"，然后按照在"图片轮番显示效果"中讲述的要领，创建分别含有URL的3个数组元素。

```
对象名称=new Image()
Document.对象名称.scr
Document.Image【索引】
```

实例代码：

```
<!doctype html>
<html>
<head>
<meta charset="utf-8">
<title></title>
<script type="text/javascript">
<!--
var buttonimage = new array();
```

```
    for(i = 1; i < 4; i++) {
        buttonimage[i]= new image();
        buttonimage[i].src="button" + i + ".jpg";
    }
function setimage1(flag, position) {
        document.images[position].src=buttonimage[flag].src;
}
//-->
</script>
<style type="text/css">
<!--
body { background-color: #ffffff; }
-->
</style>
</head>
<body>
指向或单击图片时，使图片发生变化
<p>
<a href="#" onmouseover="setimage1(2,0)" onmouseout="setimage1(1,0)"
onclick="setimage1(3,0)">
<img src="button1.jpg" alt="button1" border=0 width="78" height="33"></a>
</p>
<p>
<a href="#" onmouseover="setimage1(2,1)" onmouseout="setimage1(1,1)"
onclick="setimage1(3,1)">
<img src="button1.jpg" alt="button2" border=0 width="78" height="33"></a>
</p>
</body>
</html>
```

指向或单击图片时，使图片发生变换效果，如图12-29和图12-30所示。

图12-29 指向或单击图片时，使图片发生变换的效果　　图12-30 指向或单击图片时，使图片发生变换的效果

实际使画面发生变化的是设置在链接中的事件句柄，改变哪个画面是要在读取HTML文件时且在生成的"document.images[0]"开始的图片数组中指定的。

▌12.2.5　课堂小实例——显示加载图片状态

　　本例中，分别获取每个图片文件的状态，并在文本框中显示相应的信息。在该例子中，如果将文本框设置在图片的后面，脚本语言有时就不能正常运行。

　　在读取图片时，如果单击"停止(stop)"按钮等停止读取图片操作的情况下，将由onAbort事件句柄触发事件；在读取画面过程中出现错误时，将由onError事件句柄触发事件；在读取画面结束时，将由onLoad事件句柄触发事件。

onAbort="脚本语言|函数"	【事件句柄】
onError="脚本语言|函数"	【事件句柄】
onLoad="脚本语言|函数"	【事件句柄】

实例代码：

```
<!doctype html>
<html>
<head>
<meta charset="utf-8">
<title></title>
<script type="text/javascript">
<!--
function stop(){ document.zyoutai.zyo.value = "图片加载被中止" }
function err(){ document.zyoutai.zyo.value = "图片加载失败" }
function ok(){ document.zyoutai.zyo.value = "图片加载结束" }
//-->
</script>
<style type="text/css">
<!--
body { background-color: #ffffff; }
-->
</style>
</head>
<body>
显示加载图片状态
<p>
<form name="zyoutai">
<input type="text" name="zyo" value="正在加载图片..." size="60">
</form>
</p>
<p>
<img src="image.jpg" alt="image.jpg" width="950" height="700" onabort="stop()"
onerror="err()" onload="ok()">
</p>
</body>
</html>
```

显示加载图片状态的效果如图12-31所示。

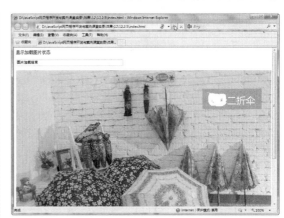

图12-31 显示加载图片状态的效果

12.2.6 课堂小实例——确认是否重新加载图片

本例在读取图片发生错误时，会使用onError事件句柄触发事件，从而在没有正常读取画面时，弹出对话框来确认是否重新加载页面。

onError="脚本语言|函数"	【事件句柄】

实例代码：

```html
<!doctype html>
<html>
<head>
<meta charset="utf-8">
<title></title>
<script type="text/javascript">
<!--
function ERR2(){
    if ( confirm ("图片加载失败，是否重新加载页面？") )
{ location.href="08ima.html" }
}
//-->
</script>
<style type="text/css">
<!--
body { background-color: #ffffff; }
-->
</style>
</head>
<body>
确认是否重新加载图片
<p>该页面图片已被切断链接。</p>
<p><img src="onror.jpg" alt="onror.jpg" width="500" height="200"
onError="ERR2()"></p>
</body>
</html>
```

确认是否重新加载图片的效果如图12-32所示。

图12-32　确认是否重新加载图片的效果

12.3 实战应用

12.3.1　实战应用1——如何制作在网页上不断飘来飘去的图片

在网页上不断飘来飘去的图片能够大大增加网页的特效，可以利用漂浮的图片制作网页广告、重要的通知等，具体制作步骤如下。

（1）打开网页文档，如图12-33所示。

图12-33　打开网页文档

（2）切换到代码视图，在<body>和</body>之间相应的位置输入以下代码，如图12-34所示。

```
<div id="img" style="position:absolute;">
<a href="http://www.123.net" target="_blank">
<img src="images/p1.gif" border="1"></a></div>
<SCRIPT LANGUAGE="JavaScript">
var xPos = 20;
```

```
var yPos = document.body.clientHeight;
var step = 1;
var delay = 30;
var height = 0;
var Hoffset = 0;
var Woffset = 0;
var yon = 0;
var xon = 0;
var pause = true;
var interval;
img.style.top = yPos;
// 定义改变位置函数changePos()
function changePos() {
width = document.body.clientWidth;
height = document.body.clientHeight;
Hoffset = img.offsetHeight;
Woffset = img.offsetWidth;
img.style.left = xPos + document.body.scrollLeft;
img.style.top = yPos + document.body.scrollTop;
if (yon) {yPos = yPos + step;}
else {yPos = yPos - step;}
if (yPos < 0) {yon = 1;yPos = 0;}
if (yPos >= (height - Hoffset)) {
yon = 0;yPos = (height - Hoffset);
}
if (xon) {xPos = xPos + step;}
else {xPos = xPos - step;}
if (xPos < 0) {
xon = 1;
xPos = 0;
}
if (xPos >= (width - Woffset)) {
xon = 0;
xPos = (width - Woffset);
}
}
function piaofu() {
img.visibility = "visible";
interval = setInterval('changePos()', delay);
}
piaofu();
</script>
```

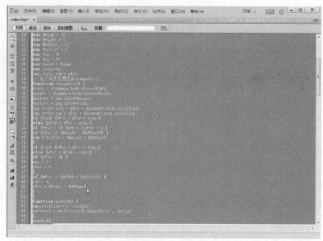

图12-34　输入代码

（3）保存文档，按F12键在浏览器中预览效果，如图12-35所示。

图12-35　飘来飘去的图片效果

■12.3.2　实战应用2——不用数据库，只有访问者输入正确的名称与密码才能进入网页

利用JavaScript脚本可以实现不用数据库，只有访问者输入正确的名称与密码才能进入网页，具体操作步骤如下。

（1）打开网页文档，如图12-36所示。

图12-36　打开网页文档

（2）切换到代码视图，在\<head>与\</head>之间输入以下代码，如图12-37所示。

```
<script language="JavaScript">
<!--
var password="";
password=prompt('请输入密码（本网站需输入密码才可进入）:','');
if (password != 'one')
    {alert("密码不正确,无法进入本站!!");
window.opener=null; window.close();}   // 密码不正确就关闭
//-->
</script>
```

图12-37　输入代码

 提示

在这里所设置的密码是one。

（3）保存文档，按F12键在浏览器中预览，首先弹出图12-38所示的对话框。在对话框中输入正确的密码，单击"确定"按钮，即可进入网页，如图12-39所示。如果密码不正确将不能进入网站。

图12-38　【用户提示】对话框

图12-39　进入网页

12.4 课后练习

1. 填空题

（1）在JavaScript程序中，使用_____来创建表单对象。

（2）利用Image对象可以创建页面上图片从0开始的数组。参考Image对象信息时，除了可以使用在<img>中设置的_____外，还可以使用数组。

2. 操作题

制作一个把鼠标放上就弹出下拉菜单的效果，如图12-40所示。

图12-40　弹出下拉菜单的效果

第13章
Ajax基础

本章导读

Ajax由HTML、JavaScript™技术、DHTML和DOM 组成，这一杰出的方法可以将笨拙的Web界面转化成交互性的Ajax应用程序。JavaScript大多数应用于客户端，.NET主要应用于服务器端。在大多数情况下，两者好像没有什么关系，而Ajax能够巧妙地将客户端与服务器端技术串起来而融合在一起，即客户端可以调用服务器端的应用程序。

技术要点

◎ 了解传统的Web技术及Ajax的由来

◎ Ajax技术原理简介

◎ Ajax技术的优缺点分析

◎ 认识Ajax技术的组成部分

◎ XMLHttpRequest对象简介

◎ 局部更新

◎ 实现Ajax

实例展示

Ajax实例效果

13.1　了解传统的Web技术及Ajax的特点

该技术在1998年前后得到了应用。允许客户端脚本发送HTTP请求（XMLHTTP）的第一个组件由Outlook Web Access小组写成。该组件原属于微软Exchange Server，并且迅速地成为了Internet Explorer 4.0的一部分。

随着网络时代的来临，传统的应用程序开发从Client/Server结构开始向Browser/Server 结构过渡。B/S结构可以在任何地方进行操作而不需要安装专门的软件，也不再需要为每次系统应用的升级而修改客户端。然而，B/S结构也有着一些固有的局限性，例如，B/S结构的浏览器无法向C/S结构那样发挥客户端PC的处理能力，并不是在客户端处理多个步骤之后再将最终结果传递到服务器端，而是每次要进行一个动作，就要把请求发送到服务器端，再由服务器端返回结果，之后才能进行下一个请求。这样，其响应速度比C/S结构要慢很多。

Ajax不是一种新的编程语言，而是一种用于创建更好更快以及交互性更强的Web应用程序的技术。Ajax的特点如下。

（1）Ajax前景非常乐观，可以提高系统性能，优化用户界面。

（2）通过Ajax，可使用 JavaScript的XMLHttpRequest对象来直接与服务器进行通信。通过这个对象，JavaScript可在不重载页面的情况与Web服务器交换数据。

（3）Ajax在浏览器与Web服务器之间使用异步数据传输（HTTP请求），这样就可使网页从服务器请求少量的信息，而不是整个页面。

（4）Ajax可使因特网应用程序更小、更快，更友好。

（5）Ajax是一种独立于Web服务器软件的浏览器技术。

（6）Ajax的最大机遇在于用户体验。在使应用更快响应和创新的过程中，定义Web应用的规则正在被重写，因此开发人员必须要更注重用户。

13.2 认识Ajax技术的组成部分

Ajax的全称是Asynchronous JavaScript and XML（异步 JavaScript和XML）。从这个组合名称上就可以看出Ajax其实并不是一种技术，它实际上是几种技术的有组合体。每种技术都有独特之处，合在一起就成了一个功能强大的新技术。Ajax的组成如图13-1所示。

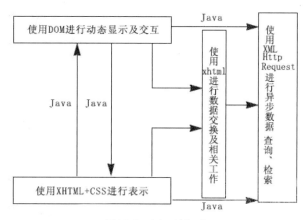

图13-1 Ajax的组成

13.2.1 Ajax中的JavaScript

　　JavaScript毫无疑问是Ajax工具箱中的核心技术。Ajax应用程序完全下载到客户端的内存中，由数据、表现和程序逻辑三者组成，JavaScript就是用来实现逻辑的工具。JavaScript是一种混合了多种编程思想的通用编程语言，提供了一个表面上与C系列语言相似的语法接口。在浏览器环境中，通过JavaScript引擎可以访问浏览器的一些本地功能，例如CSS、DOM、XMLHttpRequest对象，这允许页面开发者通过编程方式在不同程度上控制页面的表现。尽管在浏览器中遇到的JavaScript环境和特定于浏览器的对象紧紧绑在一起的情况，但是从底层来看，语言本身的语法却是一致的。

　　JavaScript是Ajax技术中最重要的部分。Ajax利用JavaScript的特性实现Web应用程序对用户行为触发的实时响应和处理，包括鼠标事件、键盘事件、页面载入离开或者事件、焦点事件等。JavaScript将HTML与DOM、

XMLHttpRequest等对象联系起来，作为它们之间沟通的渠道。

　　JavaScript在响应事件的函数中，提取表单Form的内容，调用XMLHttpRequest对象，将表单内容发送给服务器处理。有时候，在发送表单内容之前，要对表单内容的格式进行必要的校验和预处理，这些工作也交由JavaScript处理。

　　服务器返回浏览器客户端的处理数据，通常由XMLHttpReqeust对象取得。XMLHttpReqeust对象再将这些数据以普通文本或者XML文档的形式交给DOM对象。JavaScript最终再操作DOM，利用这些数据更新Web页面内容。

　　总之，JavaScript在Ajax中起到了"承前启后"的作用，通过其特有的属性、方法、集合操纵HTML文档内容，使用DOM、XMLHttpReqeust对象的相关属性和方法，与服务器实现异步交互通信。

13.2.2 Ajax中的XMLHttpRequest

　　Ajax的最大的特点是无须刷新页面，便可向服务器传输或读写数据。这一特点主要得益于

XMLHttpRequest对象，不用每次都刷新界面，也不用每次将数据处理的工作提交给服务器来做，这样既减轻了服务器的负担又加快了响应速度、缩短了用户的等候时间。

最早应用XMLHttp的是微软，IE（IE5以上）通过允许开发人员在Web页面内部使用XMLHttp ActiveX组件扩展自身的功能，开发人员可以不用从当前的Web页面导航而直接传输数据到服务器上或者从服务器取数据。这个功能是很重要的，因为它帮助减少了无状态连接的痛苦，它还可以排除下载冗余HTML的需要，从而提高进程的速度。对于大多数情况，XMLHttpRequest对象和XMLHttp组件很相似，其方法和属性也类似，只是有一小部分属性不支持。

XMLHttpRequest对象在大部分浏览器上已经实现而且拥有一个简单的接口，从而允许数据从客户端传递到服务端，但并不会打断用户当前的操作。使用XMLHttpRequest传送的数据可以是任何格式，虽然从名字上建议是XML格式的数据。

13.2.3 Ajax中的CSS

CSS是Web设计沿用已久的部分，无论是在传统的Web应用还是在Ajax应用中，CSS都是一种频繁使用的技术。样式表提供了集中定义各种视觉样式的方法，并且可以非常方便地设置在页面的元素上。样式表可以定义一些明显的样式元素，例如颜色、边框、背景图片、透明度和大小等。此外，样式表还可以定义元素相互之间的布局以及简单的用户交互功能，仅仅通过样式表就可以实现炫目的视觉效果。

为了正确地浏览Ajax应用，CSS是一种Ajax开发人员所需要的重要武器。CSS提供了从内容中分离应用样式和设计的机制。虽然CSS在Ajax应用中扮演至关重要的角色，但它也是构建跨浏览器应用的一大阻碍，因为不同的浏览器厂商支持各种不同的CSS级别。

在传统的Web应用中，样式表提供了一种很有用的方法，可以在某个地方定义在很多页面中重用的样式。在Ajax应用中，我们不再将应用思考为快速切换的一系列页面，但是样式表仍然是很有帮助的，它可以用最少的代码动态地为元素设置预先定义的外观。

13.2.4 Ajax中的DOM

DOM是给HTML和XML文件使用的一组API。它提供了文件的结构表述，让你可以改变其中的内容及可见物。其本质是建立网页与Script或程序语言沟通的桥梁。

DOM能够为JavaScript引擎公开文档（网页）。通过使用DOM，可以采用编程方式操作文档的结构。当编写Ajax应用时，这是一种

特别有用的能力。在传统Web应用中，我们通常使用来自服务器的新的HTML来刷新整个页面，并通过提供新的HTML来重新定义用户界面。而在Ajax的应用中，用户界面的更新主要是使用DOM来完成的。Web页面中的HTML标签被组织成一个树状结构。树的根节点是标签，它代表这个文档。在它内部的标签代表文档的主体部分，是可见的文档结构的根节点。在文档主体之内，有表格、段落、列表以及其他的标签类型，每个标签之中还可能有其他标签。

Web页面的DOM表示也是一个树状结构，由元素或节点组成，节点还可能包含很多的子节点。JavaScript引擎通过全局变量document来公开当前Web页面的根节点，这个变量是所有DOM操作的起点。DOM元素通过W3C规约来定义。它有一个父元素，没有或者有多个子元素，有任意多个作为关联数组来存储的属性。

13.2.5 Ajax中的XML

可扩展的标记语言（Extensible Markup Language）具有一种开放的、可扩展的、可描述的语言结构，它已经成为网上数据和文档传输的标准。它是用来描述数据结构的一种语言，就正如其名字一样。它使得对某些结构化数据的定义更加容易，并且可以通过它和其他应用程序交换数据。

XML的优势在于其通用性和较强的表达能力，因此用XML作为数据交换的一个标准格式无疑具有一定的吸引力。Ajax中客户端与服务器端之间的通信也可以采用这种办法。

实际上，在Ajax最初的定义中，XML是作为一个客户端与服务器端的通信载体出现的。例如可以将客户端对服务器端的请求用XML包装起来，也可以将客户端提交的一个表单内容转化成一个XML片段传给服务器端进行处理。下面的XML片段可以代表一个注册表单提交的内容，代码如下：

```
<id>Richard</id>
<password>pass1</password>
<sex>男</sex>
<email>richard@hotmail.com</email>
<address>北京海淀区上地路</address>
```

在Ajax中使用XML的另一个原因是，它可以进一步降低客户端和服务器端的耦合性。由于XML的中立性，客户端和服务器端使用的开发语言、平台等一些细节都有自由选择的空间，这与客户端服务器架构的理念是一致的，即客户端和服务器端应当相对独立。

13.3 Ajax技术的优缺点分析

1．优点是具有更迅捷的响应速度

（1）传统的Web应用允许用户填写表单(form)，当提交表单时就向Web服务器发送一个请求。服务器接收并处理传来的表单，然后返回一个新的网页。这个做法浪费了许多带宽，因为在前后两个页面中的大部分HTML代码往往是相同的。由于每次应用的交互都需要向服务器发送请求，应用的响应时间就依赖于服务器的响应时间。这导致了用户界面的响应比本地应用慢得多。

Ajax可以把以前一些由服务器负担的工作转嫁到客户端，利用客户端闲置的能力来处理，从而减轻服务器和带宽的负担，进而节约空间和宽带的租用成本。Ajax应用可以仅向服务器发送并取回必需的数据，在客户端采用JavaScript处理来自服务器的响应。因此在服务器和浏览器之间交换的数据大量减少，结果我们就能看到响应更快的应用。同时很多的处理工作可以在发出请求的客户端机器上完成，所以Web服务器的处理时间也减少了。

（2）使用Ajax的最大优点，使Web中的界面与应用分离（也可以说是数据与呈现分离），能在不更新整个页面的前提下维护数据。这使得Web应用程序更为迅捷地回应用户

的动作，并避免了在网络上发送那些没有改变过的信息。

（3）Ajax不需要任何浏览器插件，但需要用户允许JavaScript在浏览器上执行。就像DHTML应用程序那样，Ajax应用程序必须在众多不同的浏览器和平台上经过严格的测试。随着Ajax的成熟，一些简化Ajax使用方法的程序库也相继问世。同样，也出现了另一种辅助程序设计的技术，为那些不支持JavaScript的用户提供替代功能。

2．Ajax的缺点

（1）Ajax可能破坏浏览器"后退"按钮的正常行为。在动态更新页面的情况下，用户无法回到前一个页面的状态，这是因为浏览器仅能记下历史记录中的静态页面。"后退"按钮是一个标准的Web站点的重要功能，但是它没法和JavaScript进行很好的合作。这是Ajax所带来的一个比较严重的问题，因为用户往往是希望能够通过"后退"按钮来取消前一次操作的。那么对于这个问题有没有办法？答案是肯定的，当中大多数都是在用户单击"后退"按钮访问历史记录时，通过建立或使用一个隐藏的IFRAME来重现页面上的变更。

（2）进行Ajax开发时，网络延迟即用户发出请求到服务器发出响应之间的间隔——需要慎重考虑。不给予用户明确的回应，没有恰当的预读数据，或者对XMLHttpRequest的不恰当处理，都会使用户感到延迟，这是用户不愿看到的，也是他们无法理解的。通常的解决方案是，使用一个可视化的组件来告诉用户，系统正在进行后台操作并且正在读取数据和内容。

（3）现在一些手持设备（如手机、PDA等）还不能很好地支持Ajax。

（4）用JavaScript制作的Ajax引擎，JavaScript的兼容性和DeBug都是让人头痛的事。

（5）Ajax的无刷新重载，由于页面的变化没有刷新重载那么明显，所以容易给用户带来困扰——用户不太清楚现在的数据是新的还是已经更新过的。现有的解决方法有：在相关位置提示、数据更新的区域设计得比较明显、数据更新后给用户提示等。

（6）Ajax的安全问题。Ajax技术在给用户带来很好的体验的同时也带来了新的安全威胁，Ajax技术就如同对企业数据建立了一个直接通道。这使得开发者在不经意间会暴露比以前更多的数据和服务器逻辑。Ajax的逻辑可以对客户端的安全扫描技术隐藏起来，允许黑客从远端服务器上建立新的攻击。还有Ajax也难以避免一些已知的安全弱点，如跨站点脚步攻击、SQL注入攻击和安全漏洞等。

（7）对搜索引擎的支持比较弱。如果使用不当，Ajax会增大网络数据的流量，从而降低整个系统的性能。

（8）客户端过肥，太多客户端代码造成开发上的成本上升。编写复杂、容易出错；冗余代码比较多，再加上将以往的很多服务端代码放到了客户端；破坏了Web的原有标准。

（9）对串流媒体的支持没有Flash、Java Applet的效果好。

13.4 创建XMLHttpRequest

不同的浏览器使用的异步调用对象也有所不同，在IE浏览器中异步调用使用的是XMLHTTP组件中的XMLHttpRequest对象，而在Netscape、Firefox浏览器中则直接使用XMLHttpRequest组件。因此，在不同浏览器中创建XMLHttpRequest对象的方式也有所不同。

在IE浏览器中创建XMLHttpRequest对象的方式如下所示：

```
var xmlhttprequest = new activexobject("microsoft.xmlhttp");
```

在Netscape浏览器中创建XMLHttpRequest对象的方式如下所示：

```
var xmlhttprequest = new xmlhttprequest();
```

由于无法确定用户使用的是什么浏览器，所以在创建XMLHttpRequest对象时，最好将以上两种方法都加上。代码如下所示。

```
<!doctype html>
<html>
<head>
<meta charset="utf-8">
<title>创建xmlhttprequest对象</title>
<script language = "javascript" type = "text/javascript">
<!--
var xmlhttprequest;   //定义一个变量,用于存放xmlhttprequest对象
```

```
function createxmlhttprequest()        //创建xmlhttprequest对象的方法
{
if(window.activexobject)     //判断是否是ie浏览器
{
xmlhttprequest = new activexobject("microsoft.xmlhttp");    //创建ie浏览器中的
xmlhttprequest对象
}
else if(window.xmlhttprequest)        //判断是否是netscape等其他支持xmlhttprequest
组件的浏览器
{
xmlhttprequest = new xmlhttprequest();    //创建其他浏览器上的xmlhttprequest对象
}
}
-->
</script>
createxmlhttprequst();      //调用创建对象的方法
</head>
<body>
</body>
</html>
```

"if(window.ActiveXObject)"用来判断是否使用IE浏览器。其中ActiveXOject并不是Windows对象的标准属性，而是IE浏览器中专有的属性，可以用于判断浏览器是否支持ActiveX控件。通常只有IE浏览器或以IE浏览器为核心的浏览器才能支持Active控件。

"else if(window.xmlhttpRequest)"是为了防止一些浏览器既不支持ActiveX控件，也不支持XMLHttpRequest组件而进行的判断。其中XMLHttpRequest也不是window对象的标准属性，但可以用来判断浏览器是否支持XMLHttpRequest组件。

如果浏览器既不支持ActiveX控件，也不支持XMLHttpRequest组件，那么就不会对xmlhttprequest变量赋值。

13.5 Ajax中Get请求与Post请求的区别

在使用Ajax时，当我们向服务器发送数据时，可以采用Get方式请求服务器，也可以使用Post方式请求服务器。那么，什么时候该采用Get方式，什么时候该采用Post方式呢？

（1）使用Get请求时，参数在URL中显示，而使用Post方式，则不会显示出来。

（2）使用Get请求发送数据量小，使用Post请求发送数据量大。

下面通过实例看下区别，页面的HTML代码：

```
<!doctype html>
<html>
<head>
```

```
<meta charset="utf-8">
    <title></title>
    <style type="text/css">
        {
            margin:8px;
        }
    </style>
</head>
<body>
    <label for="txt_username">
        您的姓名:</label>
    <input type="text" id="txt_username" />
    <br />
    <label for="txt_age">
        您的年龄:</label>
    <input type="text" id="txt_age" />
    <br />
    <input type="button" value="GET" id="btn_get" onclick="btn_get_click();" />
    <input type="button" value="POST" id="btn_post" onclick="btn_post_click();" />
    <div id="result">
    </div>
</body>
</html>
```

客户端脚本代码，Get请求的代码如下。

```
function btn_get_click() {
    var xmlhttp = window.xmlhttprequest ?
        new xmlhttprequest() : new activexobject("microsoft.xmlhttp");
    var username = document.getelementbyid("txt_username").value;
    var age = document.getelementbyid("txt_age").value;
    //添加参数，以求每次访问不同的url,以避免缓存问题
    xmlhttp.open("get", "server.aspx?username=" + encodeuricomponent(username)
        + "&age=" + encodeuricomponent(age) + "&random=" + math.random());
    xmlhttp.onreadystatechange = function () {
        if (xmlhttp.readystate == 4 && xmlhttp.status == 200) {
            document.getelementbyid("result").innerhtml = xmlhttp.responsetext;
        }
    }
    //发送请求，参数为null
    xmlhttp.send(null);
}
```

客户端脚本代码，Post请求的代码如下。

```
function btn_post_click() {
    var xmlHttp = window.XMLHttpRequest ?
        new XMLHttpRequest() : new ActiveXObject("Microsoft.XMLHTTP");
    var username = document.getElementById("txt_username").value;
    var age = document.getElementById("txt_age").value;
    var data = "username=" + encodeURIComponent(username)
        + "&age=" + encodeURIComponent(age);
    //不用担心缓存问题
    xmlHttp.open("post", "Server.aspx", true);
    //必须设置，否则服务器端收不到参数
    xmlHttp.setRequestHeader("Content-Type", "application/x-www-form-urlencoded");
    xmlHttp.onreadystatechange = function () {
        if (xmlHttp.readyState == 4 && xmlHttp.status == 200) {
            document.getElementById("result").innerHTML = xmlHttp.responseText;
        }
    }
    //发送请求，要data数据
    xmlHttp.send(data);
}
```

通过上面的代码可以看到二者区别：

（1）get请求需注意缓存问题，post请求不需担心这个问题。

（2）post请求必须设置Content-Type值为application/x-form-www-urlencoded。

（3）发送请求时，因为get请求的参数都在URL里，所以send函数发送的参数为null，而post请求在使用send方法时，却需赋予其参数。

13.6 局部更新

在通过Ajax的异步调用获得服务器端数据之后，可以使用JavaScript或DOM来将网页中的数据进行局部更新。常用的局部更新方式有以下3种。

1. 表单对象的数据更新

表单对象的数据更新，通常只要更改表单对象的value属性值，其语法代码如下所示：

```
FormObject.value = "新数值"
```

有关表单对象的数据更新的示例，代码如下所示：

```
<!doctype html>
<html>
<head>
<meta charset="utf-8">
<title>局部更新</title>
<script language = "javascript" type = "text/javascript">
```

```
<!--
function changeData()
{
document.myForm.myText.value = "更新后的数据"
}
-->
</head>
<body>
<form name = "myForm">
<input type = "text" value = "原数据" name = "myText">
<input type = "button" value = "更新数据" onclick = "changeData()">
</form>
</body>
</html>
```

2. IE浏览器中标签间文本的更新

在HTML代码中，除了表单元素之外，还有很多其他的元素，这些元素的开始标签与结束标签之间往往也会有一点文字，对这些文字的更新，也是局部更新的一部分，代码如下所示。

```
<p>文字</p>
<span>文字</span>
<div>文字</div>
<label>文字</label>
<b>文字</b>
<i>文字</i>
```

在IE浏览器中，innerText或innerHTML属性可以用来更改标签间文本的内容。其中innerText属性用于更改开始标签与结束标签之间的纯文本内容，而innerHTML属性用于更改HTML内容。如以下代码所示：

```
<!doctype html>
<html>
<head>
<meta charset="utf-8">
<title>局部更新</title>
<script language = "javascript" type = "text/javascript">
<!--
function changeData()
{
myDiv.innerText = "更新后的数据";
}
-->
</script>
</head>
<body>
```

```
<div id = "myDive">原数据</div>
<input type = "button" value = "更新数据" onclick = "changeData()">
</body>
</html>
```

3. DOM技术的局部刷新

innerText和innerHTML两个属性都是IE浏览器中的属性，在Netscape浏览器中并不支持该属性。但无论是IE浏览器还是Netscape浏览器，都支持DOM。在DOM中，可以修改标签间的文本内容。

在DOM中，将HTML文档中的每一对开始标签和结束标签都看成是一个节点。例如HTML文档中有一个标签如下所示，那么该标签在DOM中被称之为一个"节点"。

<div id = "myDiv">原数据</div>

在DOM中使用getElementById()方法可以通过id属性值来查找该标签（或者说是节点），如以下语句所示：

```
var node = document.getElementById("myDiv");
```

在一个HTML文档中，每个标签中的id属性值是不能重复的。因此，使用getElementById()方法获得的节点是唯一的。

在DOM中，认为开始标签与结束标签之间的文本是该节点的子节点，而firstChild属性可以获得一个节点下的第1个子节点。如以下代码可以获得<div>节点下的第1个子节点，也就是<div>标签与</div>标签之间的文字节点。

```
node.firstChild
```

以上代码获得的是文字节点，而不是文字内容。如果要获得节点的文字内容，则要使用节点的nodeValue属性。通过设置nodeValue属性值，可以改变文字节点的文本内容。完整的代码如下所示。

```
<!doctype html>
<html>
<head>
<meta charset="utf-8">
<title>局部更新</title>
<script language = "javascript" type = "text/javascript">
<!--
function changeData()
{
//查找标签（节点）
var node = document.getElementById("myDiv");
//在DOM中标签中的文字被认为是标签中的子节点
//节点的firstChild属性为该节点下的第1个子节点
//nodeValue属性为节点的值，也就是标签中的文本值
node.firstChild.nodeValue = "更新后的数据";
}
-->
</script>
</head>
</html>
```

目前主流的浏览器都支持DOM技术的局部刷新。

13.7 一个完整的Ajax实例

本节讲述一个完整的Ajax实例。

实例代码：

```
<!doctype html>
<html>
<head>
<meta charset="utf-8">
<title>AJAX实例</title>
<script language="javascript" type="text/javascript">
 <!--
 var xmlHttpRequest;   //定义一个变量用于存放XMLHttpRequest对象
//定义一个用于创建XMLHttpRequest对象的函数
function createXMLHttpRequest()
{
if(window.ActiveXObject)
{
//IE浏览器的创建方式
xmlHttpRequest = new ActiveXObject("Microsoft.XMLHTTP");
}else if(windew.XMLHttpRequest)
{
//Netscape浏览器中的创建方式
xmlHttpRequest = new XMLHttpRequest();
}
}
//响应HTTP请求状态变化的函数
function httpStateChange()
{
//判断异步调用是否完成
 if(xmlHttpRequest.readyState == 4)
 {
//判断异步调用是否成功,如果成功开始局部更新数据
if(xmlHttpRequest.status == 200||xmlHttpRequest.status == 0)
{
//查找节点
 var node = document.getElementById("myDIv");
//更新数据
node.firstChild.nodeValue = xmlHttpRequest .responseText;
}
else
```

```
{//如果异步调用未成功,弹出警告框,并显示出错信息
alert("异步调用出错/n返回的HTTP状态码为:"+xmlHttpRequest.status + "/n返回的HTTP状
态信息为:" + xmlHttpRequest.statusText);
}
}
}
//异步调用服务器段数据
function getData(name,value)
{
//创建XMLHttpRequest对象
createXMLHttpRequest();
if(xmlHttpRequest!=null)
{
//创建HTTP请求
xmlHttpRequest.open("get","ajax.text",true)
//设置HTTP请求状态变化的函数
xmlHttpRequest.onreadystatechange = httpStateChange;
//发送请求
 xmlHttpRequest.send(null);
}
}
-->
</script>
</head>
<body>
<div id="myDiv">原数据</div>
<input type = "button" value = "更新数据" onclick = "getData()">
</body>
</html>
```

运行代码的效果如图13-2所示。

图13-2　Ajax实例

第14章
导航菜单特效案例

本章导读

导航菜单是网站重要的组成部分，导航菜单的设计关系着网站的可用性和用户体验，有吸引力的导航能够吸引用户去浏览更多的网站内容。一个良好的网页导航系统，不止要把它设计得很漂亮，更重要的是能够带领你的用户逗留在你的网站之中，让访问者轻松找到他们想要观看的内容。

技术要点

◎ 横向展开的二级导航菜单
◎ 超实用的JavaScript下拉菜单
◎ 下拉折叠菜单
◎ 漂亮的分类导航菜单
◎ 网页滑动门菜单

实例展示

实用的JavaScript下拉菜单

漂亮的分类导航菜单

14.1 横向展开的二级导航菜单

下面制作一个清新的横向二级导航菜单，类似滑动门的操作风格，当鼠标放在一级菜单的第四个菜单项上，就能展开二级的菜单，这种菜单适合许多网站的使用，如图14-1所示，具体步骤如下。

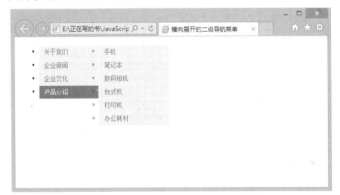

图14-1 横向展开的二级导航菜单

（1）首先在HTML文档的<head>与</head>之间，使用如下CSS代码定义文字的样式，如图14-2所示。

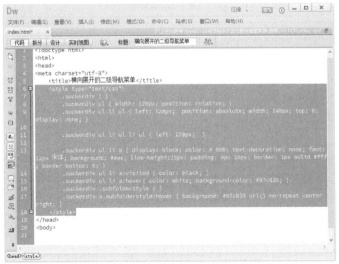

图14-2 使用CSS代码定义文字的样式

211

```
<style type="text/css">
    .suckerdiv { }
    .suckerdiv ul { width: 120px; position: relative; }
     .suckerdiv ul li ul { left: 120px;   position: absolute; width: 140px;
top: 0; display: none; }
    .suckerdiv ul li ul li ul { left: 159px; }
    .suckerdiv ul li a { display: block; color: # 690; text-decoration: none;
font:12px 宋体; background: #eee; line-height:25px; padding: 0px 10px; border:
1px solid #fff; border-bottom: 0; }
    .suckerdiv ul li a:visited { color: black; }
    .suckerdiv ul li a:hover{ color: white; background-color: #97c839; }
    .suckerdiv .subfolderstyle { }
    .suckerdiv a.subfolderstyle:hover { background: #97c839 url() no-repeat center right; }
</style>
```

（2）接着在<body>和</body>之间输入如下JavaScript代码，用来实现展开的二级菜单特效，如图14-3所示。

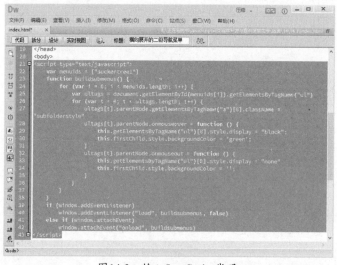

图14-3　输入JavaScript代码

```
<script type="text/javascript">
    var menuids = ["suckertree1"]
    function buildsubmenus() {
        for (var i = 0; i < menuids.length; i++) {
    var ultags = document.getElementById(menuids[i]).getElementsByTagName("ul")
            for (var t = 0; t < ultags.length; t++) {
    ultags[t].parentNode.getElementsByTagName("a")[0].className = "subfolderstyle"
                ultags[t].parentNode.onmouseover = function () {
                    this.getElementsByTagName("ul")[0].style.display = "block";
                    this.firstChild.style.backgroundColor = 'green';
                }
                ultags[t].parentNode.onmouseout = function () {
```

```
                    this.getElementsByTagName("ul")[0].style.display = "none"
                    this.firstChild.style.backgroundColor = ";
                }
            }
        }
    if (window.addEventListener)
        window.addEventListener("load", buildsubmenus, false)
    else if (window.attachEvent)
        window.attachEvent("onload", buildsubmenus)
</script>
```

（3）最后再输入如下的div和列表，如图14-4所示。

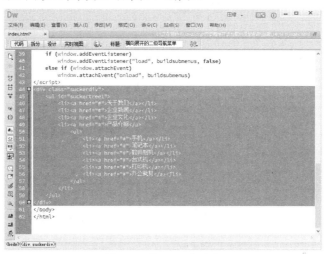

图14-4　输入div和列表

```
<div class="suckerdiv">
    <ul id="suckertree1">
        <li><a href="#">关于我们</a></li>
        <li><a href="#">企业新闻</a></li>
        <li><a href="#">企业文化</a></li>
        <li><a href="#">产品介绍</a>
            <ul>
                <li><a href="#">手机</a></li>
                <li><a href="#">笔记本</a></li>
                <li><a href="#">数码相机</a></li>
                <li><a href="#">台式机</a></li>
                <li><a href="#">打印机</a></li>
                <li><a href="#">办公耗材</a></li>
            </ul>
        </li>
    </ul>
</div>
```

14.2 超实用的JavaScript下拉菜单

横向导航是网页中最常用的导航方式。横向导航符合人们通常的浏览习惯，同时也便于页面内容的排版。下面制作一个实用的JavaScript下拉菜单，当鼠标移上菜单就会显示出二级菜单，这是由CSS和JavaScript共同实现的，如图14-5所示。

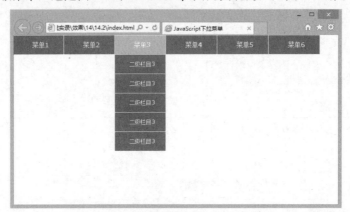

图14-5　实用的JavaScript下拉菜单

（1）首先在HTML文档的<head>与</head>之间，使用如下CSS代码定义文字的样式，如图14-6所示。

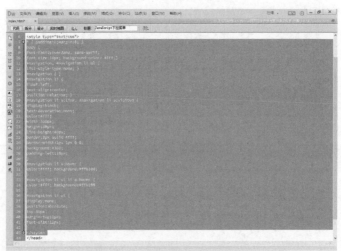

图14-6　CSS代码定义文字的样式

```css
<style type="text/css">
* { padding:0;margin:0; }
body {
font-family:verdana, sans-serif;
font-size:14px; background-color: #FFF;}
#navigation, #navigation li ul {
list-style-type:none; }
#navigation { }
#navigation li {
float:left;
```

```
text-align:center;
position:relative; }
#navigation li a:link, #navigation li a:visited {
display:block;
text-decoration:none;
color:#fff;
width:100px;
height:40px;
line-height:40px;
border:3px solid #fff;
border-width:1px 1px 0 0;
background:#360;
padding-left:10px; }
#navigation li a:hover {
color:#fff; background:#ffb100; }
#navigation li ul li a:hover {
color:#fff; background:#ffb100}
#navigation li ul {
display:none;
position:absolute;
top:40px;
margin-top:1px;
font-size:12px;}
</style>
```

（2）接着在<head>和</head>之间输入如下JavaScript代码，用来实现下拉菜单特效，如图14-7所示。

```
<script type="text/javascript">
function displaySubMenu(li) {
var subMenu = li.getElementsByTagName("ul")[0];
subMenu.style.display = "block";
}
function hideSubMenu(li) {
var subMenu = li.getElementsByTagName("ul")[0];
subMenu.style.display = "none";
}
</script>
```

（3）最后在<body>和</body>之间输入如下的div和列表代码，用来显示菜单的文字，如图14-8所示。

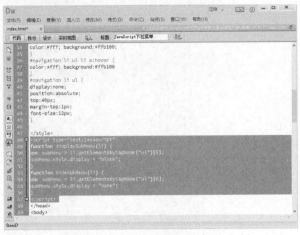

图14-7　输入JavaScript代码

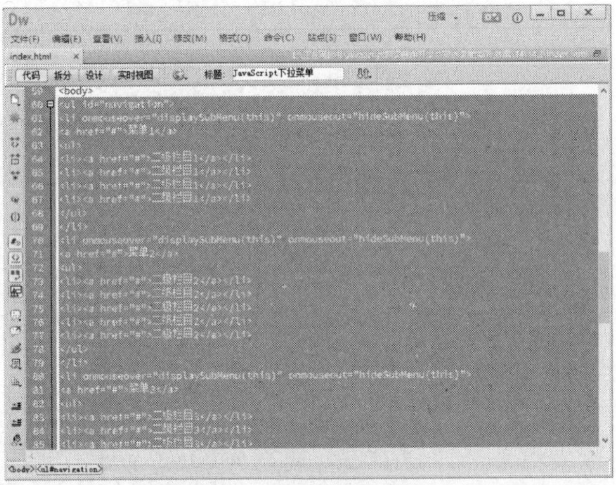

图14-8　输入如下div和列表代码

```
<ul id="navigation">
<li onmouseover="displaySubMenu(this)" onmouseout="hideSubMenu(this)">
<a href="#">菜单1</a>
<ul>
<li><a href="#">二级栏目1</a></li>
<li><a href="#">二级栏目1</a></li>
<li><a href="#">二级栏目1</a></li>
<li><a href="#">二级栏目1</a></li>
</ul>
</li>
<li onmouseover="displaySubMenu(this)" onmouseout="hideSubMenu(this)">
<a href="#">菜单2</a>
<ul>
<li><a href="#">二级栏目2</a></li>
<li><a href="#">二级栏目2</a></li>
<li><a href="#">二级栏目2</a></li>
<li><a href="#">二级栏目2</a></li>
<li><a href="#">二级栏目2</a></li>
```

```
</ul>
</li>
<li onmouseover="displaySubMenu(this)" onmouseout="hideSubMenu(this)">
<a href="#">菜单3</a>
<ul>
<li><a href="#">二级栏目3</a></li>
<li><a href="#">二级栏目3</a></li>
<li><a href="#">二级栏目3</a></li>
<li><a href="#">二级栏目3</a></li>
<li><a href="#">二级栏目3</a></li>
</ul>
</li>
<li onmouseover="displaySubMenu(this)" onmouseout="hideSubMenu(this)">
<a href="#">菜单4</a>
<ul>
<li><a href="#">二级栏目4</a></li>
<li><a href="#">二级栏目4</a></li>
<li><a href="#">二级栏目4</a></li>
<li><a href="#">二级栏目4</a></li>
<li><a href="#">二级栏目4</a></li>
</ul>
</li>
<li onmouseover="displaySubMenu(this)" onmouseout="hideSubMenu(this)">
<a href="#">菜单5</a>
<ul>
<li><a href="#">二级栏目5</a></li>
<li><a href="#">二级栏目5</a></li>
<li><a href="#">二级栏目5</a></li>
<li><a href="#">二级栏目5</a></li>
<li><a href="#">二级栏目5</a></li>
</ul>
</li>
<li onmouseover="displaySubMenu(this)" onmouseout="hideSubMenu(this)">
<a href="#">菜单6</a>
<ul>
<li><a href="#">二级栏目6</a></li>
<li><a href="#">二级栏目6</a></li>
<li><a href="#">二级栏目6</a></li>
<li><a href="#">二级栏目6</a></li>
<li><a href="#">二级栏目6</a></li>
</ul>
</li>
</li>
</ul>
```

14.3 下拉折叠菜单 ────────○

下面制作一个下拉折叠菜单，当单击鼠标时可以展开或收缩菜单。用鼠标单击主菜单的时候会向下展开二级菜单，如图14-9所示。

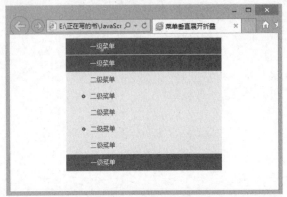

图14-9　下拉折叠菜单

（1）首先在HTML文档的<head>与</head>之间，使用如下CSS代码来定义文字的样式，如图14-10所示。

```
<style type="text/css">
.wrap-menu {width:778px; margin:0 auto; overflow:auto; width:300px;
background:#F6F6F6; font:12px/1.5 Tahoma,Arial,sans-serif}
.wrap-menu ul{ list-style:none; margin:0; padding:0;}
.wrap-menu ul li{ text-indent:4em; white-space:nowrap; }
.wrap-menu ul li h2{ cursor:pointer; height:100%; width:100%; margin:0 0
1px 0; font:12px/31px '宋体'; color:#fff; background:green;}
.wrap-menu ul li a{ display:block; outline:none; height:30px; line-
height:30px; margin:1px 0; color:#1A385C; text-decoration:none;}
.wrap-menu ul li img{ margin-right:10px; margin-left:-17px; margin-top:9px; width:7px;
height:7px; background:url(/jscss/demoimg/201402/arrow.gif) no-repeat; border:none;}
.wrap-menu ul li img.unfold{ background-position:0 -9px;}
.wrap-menu ul li a:hover{ background-color:#ccc; background-image:none;}
</style>
```

图14-10　输入CSS代码

（2）接着在<head>和</head>之间输入如下的JavaScript代码，用来实现折叠菜单特效，如图14-11所示。

```
<script src="jquery-1.6.2.min.js"></script>
<script>
function AccordionMenu(options) {
   this.config = {
           containerCls : '.wrap-menu'// 外层容器
           menuArrs: ''//  JSON传进来的数据
           type: 'click' // 默认为click 也可以mouseover
           renderCallBack: null // 渲染html结构后回调
           clickItemCallBack: null // 每点击某一项时候回调
   };
   this.cache = {
   };
   this.init(options);
}
AccordionMenu.prototype = {
   constructor: AccordionMenu,
   init: function(options){
           this.config = $.extend(this.config,options || {});
           var self = this,
                _config = self.config,
                _cache = self.cache;
           // 渲染html结构
           $(_config.containerCls).each(function(index,item){
                self._renderHTML(item);
                // 处理点击事件
                self._bindEnv(item);
           });
   },
   _renderHTML: function(container){
           var self = this,
                _config = self.config,
                _cache = self.cache;
           var ulhtml = $('<ul></ul>');
           $(_config.menuArrs).each(function(index,item){
                var lihtml = $('<li><h2>'+item.name+'</h2></li>');
                if(item.submenu && item.submenu.length > 0) {
                        self._createSubMenu(item.submenu,lihtml);
                }
                $(ulhtml).append(lihtml);
           });
           $(container).append(ulhtml);
```

```
                _config.renderCallBack && $.isFunction(_config.renderCallBack) && _
config.renderCallBack();
            // 处理层级缩进
            self._levelIndent(ulhtml);
    },
    /* 创建子菜单 */
    _createSubMenu: function(submenu,lihtml){
        var self = this,
                _config = self.config,
                _cache = self.cache;
        var subUl = $('<ul></ul>'),
                callee = arguments.callee,
                subLi;
        $(submenu).each(function(index,item){
                var url = item.url || 'javascript:void(0)';
                subLi = $('<li><a href="'+url+'">'+item.name+'</a></li>');
                if(item.submenu && item.submenu.length > 0) {
                        $(subLi).children('a').prepend('<img src="blank.gif" alt=""/>');
                        callee(item.submenu, subLi);
                }
                $(subUl).append(subLi);
        });
        $(lihtml).append(subUl);
    },
    /* 处理层级缩进 */
    _levelIndent: function(ulList){
        var self = this,
                _config = self.config,
                _cache = self.cache,
                callee = arguments.callee;
        var initTextIndent = 2,
                lev = 1,
                $oUl = $(ulList);
        while($oUl.find('ul').length > 0){
                initTextIndent = parseInt(initTextIndent,10) + 2 + 'em';
                $oUl.children().children('ul').addClass('lev-' + lev)
                                    .children('li').css('text-indent', initTextIndent);
                $oUl = $oUl.children().children('ul');
                lev++;
        }
        $(ulList).find('ul').hide();
        $(ulList).find('ul:first').show();
    },
```

```
/* 绑定事件 */
_bindEnv: function(container) {
        var self = this,
            _config = self.config;
        $('h2,a',container).unbind(_config.type);
        $('h2,a',container).bind(_config.type,function(e){
            if($(this).siblings('ul').length > 0) {
 $(this).siblings('ul').slideToggle('slow').end().children('img').
toggleClass('unfold');
            }
            $(this).parent('li').siblings().find('ul').hide()
                .end().find('img.unfold').removeClass('unfold');
            _config.clickItemCallBack && $.isFunction(_config.
clickItemCallBack) && _config.clickItemCallBack($(this));
        });
    }
};
</script>
```

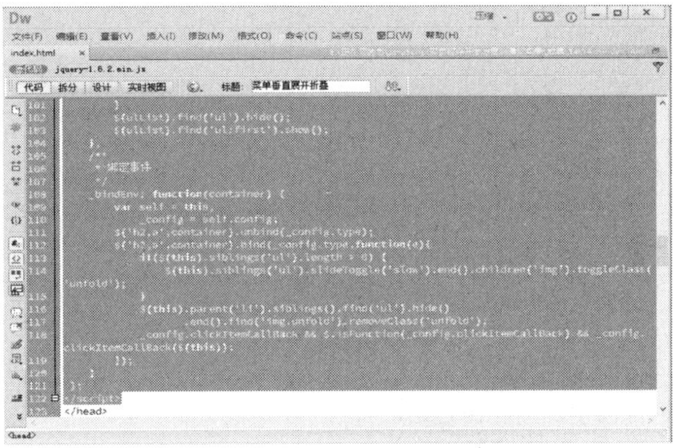

图14-11 输入JavaScript代码

（3）最后在<body>和</body>之间输入如下代码，用来显示菜单中的文字，如图14-12所示。

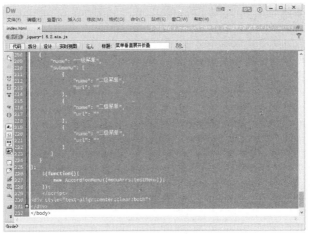

图14-12 输入代码显示菜单中的文字

```javascript
<script>
  var testMenu=[
  {   "name": "一级菜单",
      "submenu": [
            {   "name": "二级菜单",
                "url": ""
            },
            {   "name": "二级菜单",
                "url": ""
            }
      ]
  },
  {   "name": "一级菜单",
      "submenu": [
            {   "name": "二级菜单",
                "url": ""
            },
            {   "name": "二级菜单",
                "submenu": [
                      {   "name": "三级菜单",
                          "submenu": [
                                {   "name": "四级菜单",
                                    "url": ""
                                }
                          ]
                      },
                      {   "name": "三级菜单",
                          "url": ""
                      }
                ]
            },
            {   "name": "二级菜单",
                "url": ""
            },
            {   "name": "二级菜单",
                "submenu": [
                      {   "name": "三级菜单",
                          "submenu": [
                                {   "name": "四级菜单",
                                    "url": ""
                                },
                                {   "name": "四级菜单",
```

```
                            "submenu": [
                                {   "name": "五级菜单",
                                    "url": ""
                                },
                                {   "name": "五级菜单",
                                    "url": ""
                                }
                            ]
                        }
                    ]
                },
                {   "name": "三级菜单",
                    "url": ""
                }
            ]
        },
        {   "name": "二级菜单",
            "url": ""
        }
    ]
},
{   "name": "一级菜单",
    "submenu": [
        {   "name": "二级菜单",
            "url": ""
        },
        {   "name": "二级菜单",
            "url": ""
        },
        {   "name": "二级菜单",
            "url": ""
        }
    ]
}
];
    $(function(){
        new AccordionMenu({menuArrs:testMenu});
    });
    </script>
<div style="text-align:center;clear:both">
</div>
```

14.4 漂亮的分类导航菜单

图14-13所示为制作好的分类导航菜单，该菜单采用了暖色调风格，当鼠标悬停于菜单时还可以显示出菜单背景动态效果。使用了两张图片来修饰菜单的样式。这款用于分类信息网站的菜单可布局在网页的右侧或类似的地方。

图14-13 分类导航菜单

（1）首先在HTML文档的<head>与</head>之间，输入如下CSS代码来定义文字的样式，如图14-14所示。

图14-14 CSS代码定义文字的样式

```
<style type="text/css">
* {margin:0; padding:0; list-style:none;}
body{font-size:12px; margin:50px;}
#info{border:1px solid #BCFF1D; width:348px;
background:#D6FF8C url(background.gif) no-repeat left top;
float:left; }
#info ul{ margin:5px;width:338px}
#info li{ width:33%; height:40px; float:left;}
#info li a{ font-size:12px; font-weight:normal; line-height:35px;
display:block;color:#000; text-decoration:none; padding-left:40px;
background:url(menu.gif) no-repeat;}
#info li a:link,#info li a:visited{background-position:center top;}
#info li a:hover,#info li a:active{background-position:center bottom;}
</style>
```

（2）最后在<body>和</body>之间输入如下代码，用来显示导航文字，如图14-15所示。

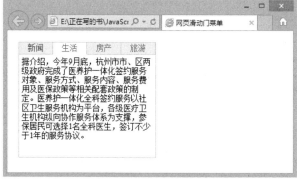

图14-15 输入代码显示导航文字

```
<div id="info">
  <ul>
    <li></li>
    <li><a href="#" target="_blank">我要出租</a></li>
    <li><a href="#" target="_blank">我要求租</a></li>
    <li><a href="#" target="_blank">二手房买卖</a></li>
    <li><a href="#" target="_blank">招聘求职</a></li>
    <li><a href="#" target="_blank">车辆买卖</a></li>
    <li><a href="#" target="_blank">商务服务</a></li>
    <li><a href="#" target="_blank">教育培训</a></li>
    <li><a href="#" target="_blank">商品交换</a></li>
  </ul>
</div>
```

14.5 网页滑动门菜单

下面制作一款风格简洁的网页滑动门菜单，如图14-16所示，该菜单基于JavaScript和Div CSS实现。滑动门菜单，即只需鼠标放上去就切换的菜单，它和网页选项卡只是在操作形式上存在不同而已。将滑动门改选项卡只需将门菜单中的onmouseover换成onclick就行了，这样转换之后，切换内容需要用鼠标单击门菜单才可以实现。

图14-16 滑动门菜单

（1）首先在HTML文档的<head>与</head>之间，使用如下CSS代码定义文字的样式，如图14-17所示。

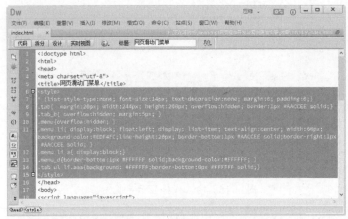

图14-17　CSS代码定义文字的样式

```
<style>
* {list-style-type:none; font-size:14px; text-decoration:none; margin:0; padding:0;}
.tab{ margin:20px; width:244px; height:200px; overflow:hidden; border:1px #aaccee solid;}
.tab_b{ overflow:hidden; margin:5px; }
.menu{overflow:hidden; }
.menu li{ display:block; float:left; display: list-item; text-align:center; width:60px;
background-color:#edf4fc;line-height:20px; border-bottom:1px #aaccee solid;
border-right:1px #aaccee solid; }
.menu li a{ display:block;}
.menu_d{border-bottom:1px #ffffff solid;background-color:#ffffff; }
.tab ul li.aaa{background: #ffffff;border-bottom:0px #ffffff solid;}
</style>
```

（2）在<body>和</body>之间输入如下的JavaScript代码，用来实现滑动门特效，如图14-18所示。

图14-18　输入JavaScript代码，用来实现滑动门特效

```
<script language="javascript">
function tabs(n)
{
var len = 4;
for (var i = 1; i <= len; i++)
{
document.getElementById('tab_a' + i).style.display = (i == n) ? 'block' :
'none';
document.getElementById('tab_' + i).className = (i == n) ? 'aaa' : 'none';
}
}
</script>
```

（3）最后在<body>和</body>之间输入如下代码，用来显示滑动菜单和文字，如图14-19所示。

图14-19　显示滑动菜单和文字

```
<div class="tab">
<ul class="menu" id="menutitle">
<li id="tab_1" class="aaa"><a href="javascript:void(0)" onclick="tabs('1');" >新闻</a></li>
<li id="tab_2" ><a href="javascript:void(0)" onmouseover="tabs('2');" >生活</a></li>
<li id="tab_3" ><a href="javascript:void(0)" onmouseover="tabs('3');" >房产</a></li>
<li id="tab_4" ><a href="javascript:void(0)" onmouseover="tabs('4');" >旅游</a></li>
</ul>
<div class="tab_b" id="tab_a1" style="display:block;">    据新闻网10月17日消息，美
国阿尔肯色州两列火车相撞，目前已造成44人受伤，其中5人伤势严重。据报道，事故发生在美国阿肯色州
的铁路段。据初步调查结果显示，一列搭载旅客的列车由于技术故障突然停车，同时一列货运火车沿同一轨
道驶来，两列火车相撞，导致事故发生。此外，此次事故导致超过10吨柴油</div>
<div class="tab_b" id="tab_a2" style="display:none;">据介绍，今年9月底，杭州市市、
区两级政府完成了医养护一体化签约服务对象、服务方式、服务内容、服务费用及医保政策等相关配套政策
的制定。医养护一体化全科签约服务以社区卫生服务机构为平台，各级医疗卫生机构纵向协作服务体系为支
撑，参保居民可选择1名全科医生，签订不少于1年的服务协议。</div>
```

```
    <div class="tab_b" id="tab_a3" style="display:none;">央行9月30日发布了关于放松住
房信贷政策的通知，宣布房贷认定新标准，并重申贷款购买首套普通自住房，贷款利率最低可打7折。受"限
购"解除和信贷放松政策双重影响，各"解限"城市成交略有回升。专业人士表示，随着此次楼市调控政策
"见底"，此前持续"向下"的楼市或将进入"缓冲期"。业内人士认为，能否带动成交量大增，仍要看银
行的执行力度，这一效果将在四季度逐步释放。</div>
    <div class="tab_b" id="tab_a4" style="display:none;">苟各庄是野三坡境内具有完善旅
游产业链条的民俗村之一，这个民俗村已脱离了原始的民俗，是一处具有徽派装饰风格，现代化的经营理念
的住宿集中地。苟各庄村距离百里峡售票处1000多米，步行只需要大约10分钟左右即可到达。这里有风景如
画的百里画廊，有清澈见底拒马河，有着让人尽情宣泄的马场，有着原始自然的漂流，有惊险刺激的华索、
蹦极。</div>
    </div>
```

第15章
文字和图片特效案例

本章导读

　　JavaScript的网页特效运用在很多方面，能够实现绚丽多彩的特殊效果。根据效果的基本性质大概可以分为文字特效、图片特效、页面特效等。网页在最开始的时候，主要的内容就是文字，因此文字特效在网页中是数不胜数的。图片的出现，使得网页变得更加的丰富，图片特效也很多，图片本身具有丰富的信息，再加上一些效果，会使得网页更加具有吸引力。

技术要点

- ◎ JavaScript实现3D文字
- ◎ 飞翔的3D文字效果
- ◎ 3D旋转的文字
- ◎ 围绕鼠标转动的跟随文字
- ◎ 鼠标移上时放大图片
- ◎ 图片切换效果
- ◎ 网站横幅焦点图切换
- ◎ 百叶窗图片切换

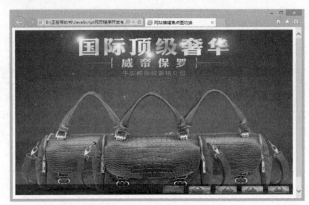

网站横幅焦点图切换

百叶窗图片切换

15.1　JavaScript实现3D文字

Photoshop可以制作超酷时尚的3D文字，但是其制作的步骤比较繁琐。利用JavaScript也可以实现3D文字特效，如图15-1所示。这里主要是使用JavaScript与CSS配合实现的效果，JavaScript部分是核心，在JavaScript中修改要显示的文字内容即可。

图15-1　JavaScript实现3D文字

JavaScript实现3D文字的代码如下。

```
<!doctype html>
<html>
<head>
<meta charset="utf-8">
<title>javascript3d文字</title>
```

```
<script language=javascript>
phrase="javascript3d文字特效";
balises="";
nb=phrase.length;
layer=8;
si=10;
for (x=0;x<nb;x++){
    for(y=0;y<layer;++y)  {
    balises=balises+'<div id=l'+x+y+' style="font-weight: bold; font-size: 70px;
    left: '+si+'px; width:5px; color: rgb(195,195,0); font-family: courier new;
position: absolute;
    font-family: courier new; top: 100px">'+phrase.charat(x)+ '</div>';
    }
    si=si+60;
}
document.write(balises);
function max3d(){
    for (x=0;x<nb;++x){
        for (y=0;y<layer;++y){
            var ob=document.all("l"+x+y);
            ob.style.posleft=ob.style.posleft-y-1;
            ob.style.postop=ob.style.postop+y*2+1;
            ob.style.color="rgb("+ (30+y*35) + ","+ (y*20+30) + ",100)";
            ob.style.fontsize=parseint(ob.style.fontsize)+15;
        }
    }
}
max3d();
</script>
</head>
<body>
</body>
</html>
```

15.2 飞翔的3D文字效果

飞翔的3D文字是很有趣的效果，文字一个个动起来。利用
Flash的渐变动画可以制作出该效果。利用JavaScript也可以制作出该效果。图15-2所示为飞翔的
3D文字效果。

（1）首先在HTML文档的<head>与</head>之间，使用如下CSS代码来定义文字的样式，如
图15-3所示。

图15-2　飞翔的3D文字效果

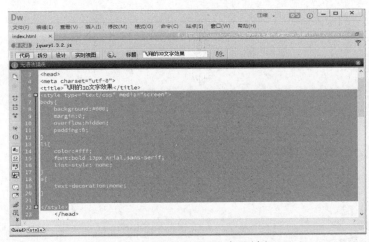

图15-3　CSS代码定义文字的样式

```css
<style type="text/css" media="screen">
body{
    background:#000;
    margin:0;
    overflow:hidden;
    padding:0;
}
li{
    color:#fff;
    font:bold 13px Arial,sans-serif;
    list-style: none;
}
a{
    text-decoration:none;
}
</style>
```

　　（2）接着在<body>和</body>之间输入如下JavaScript代码，用来实现飞翔的3D文字特效，如图15-4所示。

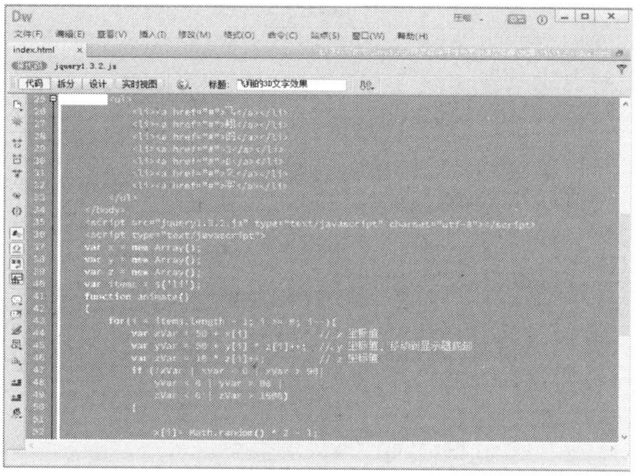

图15-4 飞翔的3D文字

```
<ul>
        <li><a href="#">飞</a></li>
        <li><a href="#">翔</a></li>
        <li><a href="#">的</a></li>
        <li><a href="#">3</a></li>
        <li><a href="#">D</a></li>
        <li><a href="#">文</a></li>
        <li><a href="#">字</a></li>
    </ul>
</body>
<script src="jquery1.3.2.js" type="text/javascript" charset="utf-8"></script>
<script type="text/javascript">
var x = new Array();
var y = new Array();
var z = new Array();
var items = $('li');
function animate()
{
    for(i = items.length - 1; i >= 0; i--){
        var xVar = 50 + x[i]                 // x 坐标值
        var yVar = 50 + y[i] * z[i]++; // y 坐标值, 移动到显示器底部
        var zVar = 10 * z[i]++;                 // z 坐标值
        if (!xVar | xVar < 0 | xVar > 90|
                yVar < 0 | yVar > 90 |
                zVar < 0 | zVar > 1500)
        {
            x[i]= Math.random() * 2 - 1;
            y[i] = Math.random() * 2 - 1;
            z[i] = 2;
        }
        else
```

```
                    {
                            $(items[i]).css("position", "absolute"); // 能移动文本向前走
                            $(items[i]).css("top", xVar+"%");   // y 坐标值
                            $(items[i]).css("left", yVar+"%"); // x 坐标值
                            $(items[i]).css("fontSize", zVar+"%"); // 字号
                            $(items[i]).css("opacity",(zVar)/3000);
                    }
                }
            setTimeout(animate, 30);
        }
    animate();
    </script>
```

15.3　3D旋转的文字

JavaScript实现3D文字旋转有空间立体感，如图15-5所示。文字围绕一个圆心旋转，当前文字变大号，转动后变为小号，形成由近及远的感觉，从而形成空间立体感。旋转时可以变色、可以变大或变小，以使这种3D效果更加有空间纵深感。

图15-5　3D旋转的文字

JavaScript实现3D旋转的文字代码如下。

```
<!doctype html>
<html>
<head>
<meta charset="utf-8">
<title>3d旋转文字</title>
<script language=javascript>
phrase="3d旋转文字! "
balises=""
taille=40;
midx=100;
decal=0.5;
nb=phrase.length;
y=-10000;
```

```
    for (x=0;x<nb;x++){
    balises=balises + '<div id=l' + x + ' style="width:3;font-family: courier new;font-wei
ght:bold;position:absolute;top:40;left:50;z-index:0">' + phrase.charat(x) + '</div>'
    }
    document.write (balises);
    time=window.setinterval("alors()",10);
    alpha=5;
    i_alpha=0.05;
    function alors(){
        alpha=alpha-i_alpha;
        for (x=0;x<nb;x++){
            alpha1=alpha+decal*x;
            cosine=math.cos(alpha1);
            ob=document.all("l"+x);
            ob.style.posleft=midx+100*math.sin(alpha1)+50;
            ob.style.zindex=20*cosine;
            ob.style.fontsize=taille+25*cosine;
            ob.style.color="rgb("+ (27+cosine*80+50) + ","+ (127+cosine*80+50) + ",0)";
        }
    }
    </script>
    </head>
    <body>
    </body>
    </html>
```

15.4 围绕鼠标转动的跟随文字

在一些网站中常出现，当鼠标在网页上移动时，有一段文字或一个图片总是跟着鼠标，除非把鼠标移出页面，否则它就总是紧跟鼠标不放的现象。你知道这种效果是怎么做出来的吗？其实是用**JavaScript**编一段小程序来实现的，该程序不长，也比较好理解。图15-6所示为制作的围绕鼠标转动的跟随文字效果。

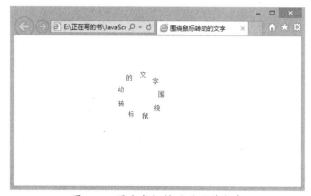

图15-6　围绕鼠标转动的跟随文字

235

围绕鼠标转动的跟随文字的代码如下。

```html
<html>
<script language="javascript">
yourlogo='围绕鼠标转动的文字';
logofont='arial';
logosize=9;
logocolor='red';
logowidth=40;
logoheight=40;
logospeed=0.03;
yourlogo=yourlogo.split("");
l=yourlogo.length;
result="<font face="+logofont+" style='font-size:"+logosize+"pt' color="+
logocolor+">";
trigsplit=360/l;
br=(document.layers)?1:0;
if (br){
for (i=0; i < l; i++)
document.write('<layer name="ns'+i+'" top=0 left=0 width=14
height=14">'+result+yourlogo[i]+'</font></layer>');
}
else{
document.write('<div id="outer" style="position:absolute;top:0px;left:0px">
<div style="position:relative">');
for (i=0; i < l; i++)
document.write('<div id="ie" style="position:absolute;top:0px;left:0px;width:
14px;height:14px">'+result+yourlogo[i]+'</font></div>');
document.write('</div></div>');
}
ypos=0;
xpos=0;
step=logospeed;
currstep=0;
y=new array();
x=new array();
yn=new array();
xn=new array();
for (i=0; i < l; i++)
 {
 yn[i]=0;
 xn[i]=0;
 }
```

```
(document.layers)?window.captureevents(event.mousemove):0;
function mouse(evnt){
 ypos = (document.layers)?evnt.pagey:event.y;
 xpos = (document.layers)?evnt.pagex:event.x;
}
(document.layers)?window.onmousemove=mouse:document.onmousemove=mouse;
function animatelogo(){
if (!br)outer.style.pixeltop=document.body.scrolltop;
for (i=0; i < l; i++){
var layer=(document.layers)?document.layers['ns'+i]:ie[i].style;
layer.top =y[i]+logoheight*math.sin(currstep+i*trigsplit*math.pi/180);
layer.left=x[i]+logowidth*math.cos(currstep+i*trigsplit*math.pi/180);
}
currstep-=step;
}
function delay(){
for (i=l; i >= 0; i--)
{
y[i]=yn[i]+=(ypos-yn[i])*(0.1+i/l);
x[i]=xn[i]+=(xpos-xn[i])*(0.1+i/l);
}
animatelogo();
settimeout('delay()',20);
}
window.onload=delay;
// -->
</script>
<head>
<meta http-equiv="content-type" content="text/html; charset=gb2312">
<meta name="generator" content="microsoft frontpage 4.0">
<meta name="progid" content="frontpage.editor.document">
<style>
<!--
body, td, div { font-family: verdana; font-size: 9pt }
-->
</style>
<title>围绕鼠标转动的文字</title>
</head>
<body>
</body>
</html>
```

15.5 鼠标移上时放大图片

当鼠标移动到图片上时，显示放大的图片，如图15-7和图15-8所示。这里使用了floor()方法，执行的是向下取整计算，它返回的是小于或等于函数参数并且与之最接近的整数。

图15-7　原始图片

图15-8　放大图片

鼠标移上时放大图片的代码如下。

```html
<html>
<head>
<title>鼠标移动放大图片</title>
</head>
<body>
<input name="images1" type="image" id="images1" src="logo.jpeg" align="middle"
border="0"  onmousemove="move()" onmouseout="out()">
<script language="javascript">
var w=images1.width;
var h=images1.height;
images1.height = math.floor(h*0.5);
images1.width = math.floor(w*0.5);
function move()
{
    images1.height = h;
    images1.width = w;
}
function out()
{
    images1.height = math.floor(h*0.5);
    images1.width = math.floor(w*0.5);
}
</script>
</body>
</html>
```

15.6 图片切换效果

JavaScript图片切换特效是比较经典的风格，用这种方式进行的图片转换在网上是很常见的，实现方法也很简单。将鼠标放在图片左侧的彩条上，就可实现图片切换，右侧的大图片和左侧的文字说明一起切换，如图15-9至图15-11所示。

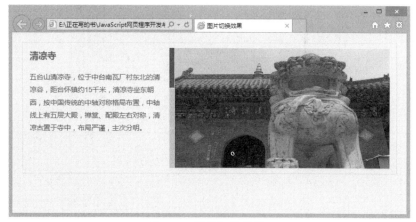

图15-9　图片切换效果1

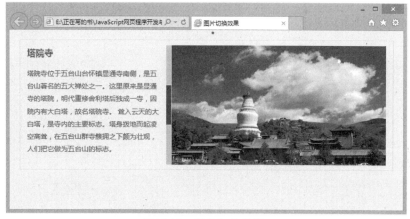

图15-10　图片切换效果2

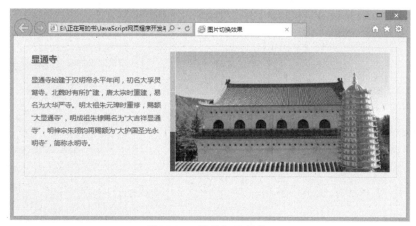

图15-11　图片切换效果3

（1）首先在HTML文档的\<head>与\</head>之间，使用如下的CSS代码定义文字的样式，如图15-12所示。

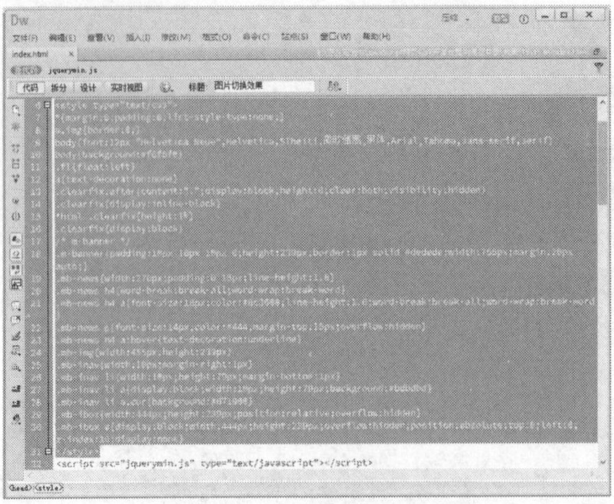

图15-12　CSS代码定义文字的样式

```
<style type="text/css">
*{margin:0;padding:0;list-style-type:none;}
a,img{border:0;}
body{font:12px "Helvetica Neue",Helvetica,STheiti,微软雅黑,黑体,
Arial,Tahoma,sans-serif,serif}
body{background:#f6f6f6}
.fl{float:left}
a{text-decoration:none}
.clearfix:after{content:".";display:block;height:0;clear:both;visibility:hidden}
.clearfix{display:inline-block}
*html .clearfix{height:1%}
.clearfix{display:block}
/* m-banner */
.m-banner{padding:10px 10px 10px 0;height:239px;border:1px solid #dedede;
width:755px;margin:20px auto;}
.mb-news{width:270px;padding:0 15px;line-height:1.8}
.mb-news h4{word-break:break-all;word-wrap:break-word}
.mb-news h4 a{font-size:18px;color:#8c3608;line-height:1.6;
word-break:break-all;word-wrap:break-word}
.mb-news p{font-size:14px;color:#444;margin-top:15px;overflow:hidden}
.mb-news h4 a:hover{text-decoration:underline}
.mb-img{width:455px;height:239px}
.mb-inav{width:10px;margin-right:1px}
.mb-inav li{width:10px;height:79px;margin-bottom:1px}
.mb-inav li a{display:block;width:10px;height:79px;background:#bdbdbd}
.mb-inav li a.cur{background:#671900}
.mb-ibox{width:444px;height:239px;position:relative;overflow:hidden}
.mb-ibox a{display:block;width:444px;height:239px;overflow:hidden;position:a
bsolute;top:0;left:0;
z-index:10;display:none}
</style>
```

（2）接着输入如下JavaScript代码实现切换效果，如图15-13所示。

```
<script src="jquerymin.js" type="text/javascript"></script>
<script type="text/javascript">
$(function(){
    bannerRotate.bannerInit();
});
var bannerRotate = {
    _time: 3000,
    _fade: 200,
    _i: 0,
    _interval: null,
    _navId: "#mb-inav",
    _navBox: "#mb-ibox",
    _navTxt: "#mb-itxt",
    bannerShow: function() {
            $(this._navId).find("li a").removeClass("cur");
            $(this._navId).find("li:eq("+this._i+")").find("a").addClass("cur");

            $(this._navBox).find("a").fadeOut(this._fade);
            $(this._navBox).find("a:eq("+this._i+")").fadeIn(this._fade);

            $(this._navTxt).find("div").hide();
            $(this._navTxt).find("div:eq("+this._i+")").fadeIn(this._fade);
    },
    bannerStart:function() {
            var _this = this;
            _this._interval = setInterval(function() {
                    if(_this._i >= 2) {
                            _this._i = 0;
                    }
                    else {
                            _this._i++;
                    }
                    _this.bannerShow();
            }, _this._time);
    },
    bannerInit: function() {
            var _this = this;
            _this.bannerStart();
            $(_this._navId).find("li a").bind("mouseover", function() {
                    clearInterval(_this._interval);
                    _this._i = $(this).parent().index();
                    _this.bannerShow();
```

```
            _this.bannerStart();
        });
    }
};
</script>
```

图15-13　实现切换效果

（3）接着在body正文中输入如下代码，用来显示要切换的图片和文字，如图15-14所示。

图15-14　显示要切换的图片和文字

```
<div class="m-banner">
    <div id="mb-itxt" class="mb-news fl">
        <div style="display:block;">
        <h4><a href="/">清凉寺</a><a href="/"></a></h4>
        <p>五台山清凉寺，位于中台南瓦厂村东北的清凉谷，距台怀镇约15千米，清凉寺坐东朝
西，按中国传统的中轴对称格局布置，中轴线上有五层大殿，禅堂、配殿左右对称，清凉古置于寺中，布局严
谨，主次分明。</p></div>
        <div style="display:none;">
        <h4><a href="/">塔院寺</a></h4>
        <p>塔院寺位于五台山台怀镇显通寺南侧，是五台山著名的五大禅处之一。这里原来是显通
寺的塔院，明代重修舍利塔后独成一寺，因院内有大白塔，故名塔院寺。 耸入云天的大白塔，是寺内的主要标
志。塔身拔地而起凌空高耸，在五台山群寺簇拥之下颇为壮观，人们把它作为五台山的标志。</p></div>
```

```
<div style="display:none;">
    <h4><a href="/">显通寺</a></h4>
    <p>显通寺始建于汉明帝永平年间，北魏时有所扩建，唐太宗时重建，易名为大华严寺。明太祖朱
元璋时重修，赐额"大显通寺"，明成祖朱棣赐名为"大吉祥显通寺"，明神宗朱翊钧再赐额为"大护国圣
光永明寺"，简称永明寺。</p></div>
</div>
<div class="mb-img fl clearfix">
        <ul id="mb-inav" class="mb-inav fl">
                <li><a class="cur"></a></li>
                <li><a></a></li>
                <li><a></a></li>
        </ul>
    <div id="mb-ibox" class="mb-ibox fl">
<a href="/" style="display:block;"><img width="440" height="239" src="001.jpg" /></a>
        <a href="/"><img width="440" height="239" src="002.jpg" alt="222" /></a>
        <a href="/"><img width="440" height="239" src="003.jpg" alt="333" /></a>
    </div>
</div>
</div>
<div style="text-align:center;clear:both">
</div>
```

15.7 网站横幅焦点图切换

焦点图切换效果，对前端来说，恐怕再熟悉不过了。实现它的
方法有多种，这里使用JavaScript版的图片切换方法，在右下角显示等比例的缩略图，缩略图调用
的是大图片，整体唯美，采用淡入淡出的方式对图片进行轮播，单击鼠标后切换，不单击鼠标时
自动轮播，如图15-15所示。

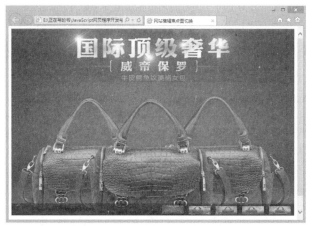

图15-15 网站横幅焦点图切换

（1）首先在HTML文档的<head>与</head>之间，使用如下的CSS代码定义文字的样式，如
图15-16所示。

图15-16　CSS代码定义文字的样式

```
<style>
.flashBanner{width:782px;height:502px;overflow:hidden;margin:0 auto;}
.flashBanner{position:relative;}
.flashBanner .mask{height:32px;line-height:32px;background-color:
#000;width:100%;text-align:right;position:absolute;left:0;bottom:-32px;
filter:alpha(opacity=70);-moz-opacity:0.7;opacity:0.7;overflow:hidden;}
.flashBanner .mask img{vertical-align:middle;margin-right:10px;
cursor:pointer;}
.flashBanner .mask img.show{margin-bottom:3px;}
</style>
```

（2）接着输入如下JavaScript代码，用来实现图片的切换效果，如图15-17所示。

图15-17　输入JavaScript代码以用来实现图片的切换效果

```
<script type="text/javascript" src="jquerymin.js"></script>
<script type="text/javascript">
$(function(){
    $(".flashBanner").each(function(){
        var timer;
        $(".flashBanner .mask img").click(function(){
```

```
                var index = $(".flashBanner .mask img").index($(this));
                changeImg(index);
        }).eq(0).click();
        $(this).find(".mask").animate({
                "bottom":"0"
        },700);
        $(".flashBanner").hover(function(){
                clearInterval(timer);
        },function(){
                timer = setInterval(function(){
                        var show = $(".flashBanner .mask img.show").index();
                        if (show >= $(".flashBanner .mask img").length-1)
                                show = 0;
                        else
                                show ++;
                        changeImg(show);
                },3000);
        });
        function changeImg (index)
        {
        $(".flashBanner .mask img").removeClass("show").eq(index).
addClass("show");
        $(".flashBanner .bigImg").parents("a").attr("href",$(".flashBanner
.mask img").eq(index).attr("link"));
        $(".flashBanner .bigImg").hide().attr("src",$(".flashBanner .mask
img").eq(index).attr("uri")).fadeIn("slow");
        }
        timer = setInterval(function(){
                var show = $(".flashBanner .mask img.show").index();
                if (show >= $(".flashBanner .mask img").length-1)
                        show = 0;
                else
                        show ++;
                changeImg(show);
        },3000);
    });
});
</script>
```

（3）接着在body正文中输入如下div代码，这里是要切换的图片路径，如图15-18所示。

图15-18 图片路径

```
<div class="flashBanner">
        <a href="/"><img class="bigImg" width="782" height="502" /></a>
        <div class="mask">
                <img src="11.jpg" uri="11.jpg" link="/" width="60" height="22"/>
                <img src="02.jpg" uri="02.jpg" link="/" width="60" height="22"/>
                <img src="03.jpg" uri="03.jpg" link="/" width="60" height="22"/>
                <img src="04.jpg" uri="04.jpg" link="/" width="60" height="22"/>
                <img src="05.jpg" uri="05.jpg" link="/" width="60" height="22"/>
        </div>
    </div>
<div style="text-align:center;margin:50px 0; font:normal 14px/24px 'MicroSoft YaHei';">
</div>
```

15.8 百叶窗图片切换 ⟶○

下面制作百叶窗图片切换特效，切换的方式有淡入淡出渐变、百叶窗渐变、竖条切换等形式，也就是每次图片变化时的方式都是不一样的，不像有的图片切换，每次切换图片都是一种效果。本例图片特效更具有视觉效果，如图15-19和图15-20所示。

图15-19 百叶窗图片切换1

图15-20 百叶窗图片切换2

（1）首先在HTML文档的<head>与</head>之间，使用如下的CSS代码来定义文字的样式，如图15-21所示。

图15-21 CSS代码定义文字的样式

```
<style>
*{margin:0; padding:0; font-weight:inherit; font-style:inherit; font-size:100%;
font-family:inherit; vertical-align:baseline}
a img,a{outline:0; border:0}
body{font-family: Helvetica, Tahoma, Arial, sans-serif; font-size:14px;
line-height:24px; background:#fff}
a{text-decoration:none; border:0;}
a:hover{text-decoration:none;}
/* 百叶窗banner */
#slider-wrap{width:990px; height:334px;}/*可以修改宽高*/
#slider{position: relative; width:990px; height:334px; background:#FFF;} /*
可以修改宽高*/
#slider img{position:absolute; top:0; left:0; display:none; width:990px;
height: 334px;}/*可以修改宽高*/
.nivoSlider{position:relative;overflow: hidden;}
```

```
.nivoSlider img{position:absolute; top:0px; left:0px}
.nivoSlider a.nivo-imageLink{position:absolute; top:0px;display:block; left:0px;
width:990px;height:334px;border:0;padding:0;margin:0;z-index:6;}/*可以修改宽高*/
.nivo-slice {display:block;position:absolute;z-index:5;height:100%;}
.nivo-box {display:block;position:absolute;z-index:5;}
.nivo-caption{position:absolute; left:0; bottom:0; background:#000;width:990px;
z-index:50; height: 40px; }/*可以修改宽高*/
.nivo-caption p{width:990px;height: 40px; text-indent: -9999px}/*可以修改宽高*/
.nivo-controlNav{position:absolute; left:50%; bottom:10px; z-index: 100;}/*
可以修改左右上下间距*/
.nivo-controlNav a{position:relative; z-index:99; cursor:pointer;background:#074d91}
.nivo-controlNav a.active{background:#ff6400;font-weight:bold}
.nivo-controlNav a{display:block; color: #fff; width:30px; height:20px;
line-height: 20px; text-align: center; margin-right:3px; float:left; overflow:
hidden;}/*可以修改宽高*/
.nivo-directionNav a {position:absolute;top:45%;z-index:9;cursor:pointer;}
/*左右切换按钮，不能删除，如果不需要可以设背景，删除会引起图片错位*/
.nivo-directionNav a {display:block;width:30px;height:30px;text-indent:-
9999px;border:0;}
a.nivo-nextNav {right:15px;}
a.nivo-prevNav {left:15px;}
</style>
```

（2）接着输入JavaScript代码，用来实现图片百叶窗的切换效果，这里有两个是jquery文件的引用，如图15-22所示。

```
<script src="jquery-1.6.2.min.js" type="text/javascript"></script>
<script type="text/javascript" src="jquery.nivo.slider.pack.js"></script>
<script type="text/javascript">
jQuery(function($){
$(window).load(function() {
  $('#slider').nivoSlider({
    directionNav: true,
    captionOpacity: 0.4,
    controlNav: true,
    boxCols: 8,
    boxRows: 4,
    slices: 15,
    effect:'random',
    animSpeed: 500,
    pauseTime: 3000 });
  });
});
</script>
```

图15-22　用JavaScript代码实现图片百叶窗特效

（3）在body正文中输入如下代码，定义百叶窗图片的路径和名称，如图15-23所示。

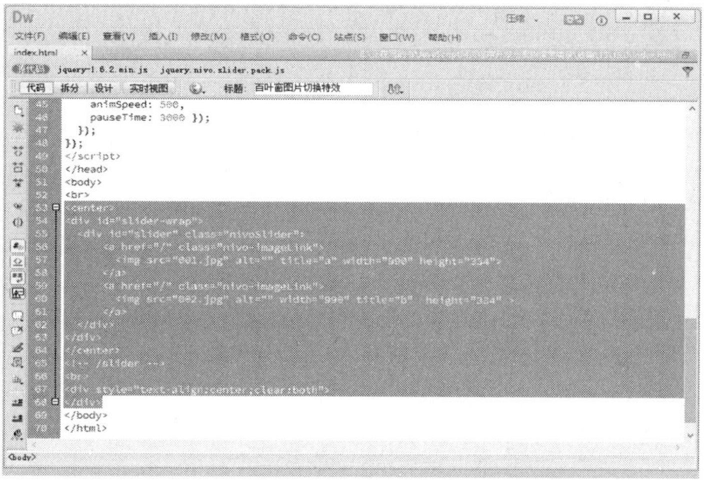

图15-23　输入代码以定义百叶窗图片的路径和名称

第16章
按钮链接和页面特效案例

本章导读

　　说起按钮，不得不先提一下链接，因为在大部分人看来，似乎按钮与链接差不多，都能完成一个页面的跳转。目前在网页中普遍出现的按钮可以分为两类：一类是有提交功能的按钮——真正意义上的按钮；另一类是仅仅表示链接的按钮，在这里将其称为"伪按钮"。本章就来介绍按钮和页面特效的制作。

技术要点

◎ 背景图片变色的按钮
◎ 单击按钮后按钮自动消失
◎ 闪烁的链接
◎ 打开链接时弹出询问确认框
◎ 在页面顶部显示进度条效果
◎ 网页定时刷新的特效
◎ 指定弹出窗口的位置
◎ 网页密码保护
◎ 鼠标滑过的列表

实例展示

鼠标滑过的列表

16.1 背景图片变色的按钮 ————○

会变色的网页按钮，一个使用背景图像的按钮，均基于JavaScript实现。当鼠标移到按钮上，按钮背景图片就会改变。使用onMouseover和onMouseout实现的效果，当鼠标移上按钮的时候，JavaScript就能动态改变按钮的背景图像，如图16-1所示。

图16-1 背景图片变色的按钮

（1）首先在HTML文档的<head>与</head>之间，使用如下的CSS代码来定义文字的样式和背景图片，如图16-2所示。

```
<style>
.initial{background-image:url("003.jpg");font-size: 0pt;font-family:Impact;color:#0099CC;}
</style>
```

图16-2 CSS代码定义文字的样式和背景图片

（2）接着在<body>和</body>之间输入如下代码，用来实现背景图片变色的按钮特效，如图16-3所示。

```
<table border="0" width="98%" cellspacing="0" cellpadding="0">
  <tr>
    <td colspan="3" valign="top" align="left"><br>
    <p align="center"><font color="#3399FF" face="方正黄草简体" size="30"><strong>
      变背景图像的按钮:<br>鼠标移到按钮上，按钮背景图会改变。</strong></font></p>
    <script>
<!--if (document.images){
after=new Image()
after.src="003.jpg"
}
function change(image)  //改变背景图的路径
{
var el=event.srcElement
if (el.tagName=="INPUT"&&el.type=="button")
event.srcElement.style.backgroundImage="url"+"("+image+")"
}//-->
</script>
    <br> <p align="left"> 
    <form onMouseover="change('003.jpg')" onMouseout="change('001.jpg')">
      <div align="center">
        <input type="button" value="按钮1" class="initial" style="cursor:hand">
        <input type="button" value="按钮2" class="initial" style="cursor:hand">
        <input type="button" value="按钮3" class="initial"  style="cursor:hand">
      </div>
    </form>
    <p></p>
    <p align="left"> </p>
    </td>
  </tr>
</table>
```

图16-3　实现背景图片变色的按钮特效

16.2 单击按钮后按钮自动消失 ——○

下面利用JavaScript实现一个有趣的按钮效果，在单击"打印"按钮后，弹出打印对话框，而此时的"打印"按钮消失了，什么也看不到了。这其实是使用JavaScript将其隐藏了，如图16-4和16-5所示。

图16-4 单击"打印"按钮前

图16-5 单击"打印"按钮后

单击按钮后按钮自动消失的网页代码如下。

```
<!doctype html>
<html>
<head>
<meta charset="utf-8">
<title>点击后按钮消失</title>
<style type=text/css>
.p9 {
    font-size: 9pt; font-family: "宋体"
}
body {
margin-top: 0px; font-size: 9pt; margin-left: 0px; margin-right: 0px; font-
family: "宋体"
}
.style2 {
    color: #000099;
    font-size: 40px;
    font-family: "华文彩云";
}
.style3 {
    font-family: "华文新魏";
    font-weight: bold;
    font-size: 30px;
    color: #000099;
}
</style>
</head>
<body bgcolor=#fef4d9>
<center>
```

```
    <span class="style2">点击后按钮消失</span>
  </center><br>
<center>
<table bordercolor=#cccc33 border=5 borderlight="green">
  <tbody>
  <tr>
    <td align=middle><span class="style3">效果显示</span></td>
  </tr>
  <tr>
  <td class=p9 align=middle><div align="center">
<input onclick="this.style.visibility='hidden';window.print();" type=button
value=打印>
    </div>
    </td>
  </tr>
  </tbody>
  </table>
</center>
</body>
</html>
```

16.3　闪烁的链接

文本链接是最常用的网页特效。下面制作一个闪烁的文本链接，其思路就是生成数组函数，遍历每个参数，将其加入数组成为一个元素，然后生成颜色数组，以秒计算的颜色变化间隔时间，链接的颜色就会交替变化了，如图16-6所示。

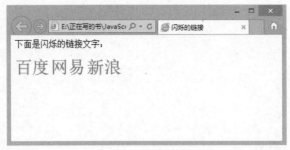

图16-6　闪烁的链接

闪烁的链接网页的代码如下。

```
<html>
<head>
<style type="text/css">
<!--
a {font-size: 24pt;text-decoration: none }-->
</style>
```

```
<title>闪烁的链接</title>
<meta http-equiv="Content-Type" content="text/html; charset=utf-8">
</head>
<body>
<p>
<script language="JavaScript">
<!-- Begin
function initArray() { //生成数组的函数
for (var i = 0; i < initArray.arguments.length; i++) { //遍历每个参数
this[i] = initArray.arguments[i]    //将其加入数组成为一个元素
}
this.length = initArray.arguments.length//取数组长度
}
var colors = new initArray //生成颜色数组
"ff0000",
"800000",
"000000",
"008000",
"00ff00",
"008080",
"0000ff");
delay = .5;                 //以秒计算的颜色变化间隔时间
link = 0;
vlink = 0;
function linkDance() {
link = (link+1)%colors.length;
vlink = (vlink+1)%colors.length;
document.linkColor = colors[link];
document.vlinkColor = colors[vlink];
setTimeout("linkDance()",delay*1000);
}
linkDance();
// End -->
</script>
下面是闪烁的链接文字：</p>
<p> <a href="http://www.baidu.com">百度</a>
  <a href="http://www.163.com">网易</a>
  <a href="http://www.sina.com.cn">新浪</a>
</p>
</body>
</html>
```

16.4　打开链接时弹出询问确认框

下面制作打开链接时弹出的询问框。该确认框询问访客是否确认前往相应的站点，如图16-7所示。

图16-7　询问访客是否确认前往

打开链接时弹出询问确认框的代码如下。

```
<!doctype html>
<html>
<head>
<meta charset="utf-8">
<title>打开链接时询问</title>
</head>
<body>
<script>
function winconfirm(){
question = confirm("将转向目标站，是否继续呢？")
if (question != "0"){
window.open("/")
}
}
</script>
<a href="#" onClick="winconfirm(); return false;">淘宝网</a>
</body>
</html>
```

16.5　在页面顶部显示进度条效果

一个在页面顶部显示的进度条效果，就像在智能手机上浏览网页一样，手机上的浏览器进度条一般都在屏幕顶部，呈现为一条极细的小线条。当页面加载的时候，它就不断地加载显示进度。本网页进度条特效与此十分相似，基于jquery插件实现的效果，如图16-8所示。

图16-8　在页面顶部显示进度条

在页面顶部显示进度条实例的代码如下。

```
<!doctype html>
<html>
<head>
<meta charset="utf-8">
<title>页面顶部显示的进度条效果</title>
<div id="web_loading"><div></div></div>
<script src="jquery-1.7.2.min.js" type="text/javascript"></script>
<script type="text/javascript">// < ![cdata[
    jquery(document).ready(function(){
            jquery("#web_loading div").animate({width:"100%"},800,function(){
                    settimeout(function(){jquery("#web_loading div").fadeout(500);
                    });
            });
    });
// ]]></script>
<style>
#web_loading{
z-index:99999;
width:100%;
}
#web_loading div{
width:0;
height:5px;
background:#ff9f15;
}
</style>
</head>
<body>
</body>
</html>
```

16.6 网页定时刷新的特效

一个JavaScript小特效可以让网页定时刷新，如图16-9所示。其代码对时间的运用比较多一些，可以作为不错的参考函数，比如计算秒数、分钟数以及时间差等。

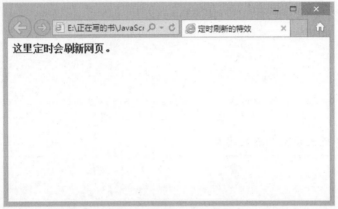

图16-9 网页定时刷新

网页定时刷新实例的代码如下。

```html
<html>
<head>
<meta charset="utf-8">
<title>定时刷新的特效</title>
</head>
<body>
<b>这里定时会刷新网页。</b>
<script>
<!--
var limit="0:10"                    //这里设定定时刷新的时间
if (document.images){
var parselimit=limit.split(":")     //将前面设定的时间分成"分"和"秒"两部分
parselimit=parselimit[0]*60+parselimit[1]*1   //将两部分时间换算成总共需要计算的秒数
}
function begin(){
if (!document.images)               //如果浏览器不是IE
return                              //则退出
if (parselimit==1)                  //如果计时时间已到
window.location.reload()            //执行刷新动作
else{                               //否则
parselimit-=1                       //计时器减一秒
curmin=Math.floor(parselimit/60)    //计算当前"分钟"数
cursec=parselimit%60                //计算当前"秒"数
if (curmin!=0)                      //如果有"分钟"部分
curtime=curmin+"分"+cursec+"秒后刷新本页！"  //生成在状态栏显示剩余时间的内容
```

```
else                           //否则(剩余时间小于一分钟)
curtime=cursec+"秒后刷新本页！"            //生成在状态栏显示剩余秒数的内容
window.status=curtime                  //将显示内容写进状态栏
setTimeout("begin()",1000)             //设定下一秒钟的延时
}
}
window.onload=begin                    //开始计时
//-->
</script>
</body>
</html>
```

16.7 指定弹出窗口的位置

经常上网的朋友可能会到过这样一些网站，一进入这类网站的首页立刻会弹出一个窗口，或者按一个链接或按钮弹出窗口，通常在这个窗口里会显示一些注意事项、版权信息、警告、欢迎光顾之类的话或者作者想要特别提示的信息。使用JavaScript代码指定弹出窗口的位置，其实这是JavaScript中Windows.open的固有参数，只需简单设定即可实现本功能。如图16-10所示，指定了弹出窗口的位置。

基本语法：

```
window.open(pageURL,name,parameters)
```

其中：

pageURL：为子窗口路径。

Name：为子窗口句柄。

Parameters：为窗口参数，各参数间用逗号分隔。

图16-10 指定弹出窗口的位置

指定弹出窗口的位置实例的代码如下。

```
<!doctype html>
<html>
<head>
<meta charset="utf-8">
<title>指定弹出窗口位置(IE)</title>
<script language="javascript">
<!--
    function winpop(){
    window.open("http://www.baidu.com","","top=100,left=100,width=500,height=200");
    }
//-->
</script>
</head>
<body onLoad="winpop()">
指定弹出窗口位置
</body>
</html>
```

16.8 网页密码保护

以下是一段由JavaScript实现的网页密码保护的代码，在进入网页前需要在弹出框中输入密码才可以，如图16-11所示。一般情况下，目前都在后台处理这种功能，用户输入用户名和密码后交给服务器处理，然后再返回信息。若登录无误就可看到某些内容，这里设置的密码是admin12345。

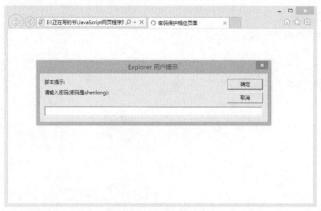

图16-11 网页密码保护

实现网页密码保护实例的代码如下。

```
<!doctype html>
<html>
<head>
<meta charset="utf-8">
<title>密码保护相应页面</title>
```

```
</head>
<body>
<script language="javascript">
function password() {
var testv = 1;
var pass1 = prompt('请输入密码(密码是admin1234):','');
while (testv < 3) {
if (!pass1)
history.go(-1);
if (pass1 == "admin12345") {
alert('密码正确!');
break;
}
testv+=1;
var pass1 =
prompt('密码错误!请重新输入:');
}
if (pass1!="password" & testv ==3)
history.go(-1);
return " ";
}
document.write(password());
</script>
</body>
</html>
```

16.9 鼠标滑过的列表

一个鼠标滑过的列表效果，也可认为是鼠标的移入移出，你会发现有光影效果划过，从而为列表增加几分动感元素，让你的内容列表更加生动、更吸引用户，进而获得更好的用户体验，如图16-12所示。

图16-12　鼠标滑过的列表

（1）首先在HTML文档的<head>与</head>之间，使用如下CSS代码来定义文字的样式，如图16-13所示。

```
<style>
body,ul,h2,p{ margin:0; padding:0; font-family:"微软雅黑"; background:#333;}
li{list-style:none;}
a{text-decoration:none;}
#box{width:270px;padding:10px 10px 20px;overflow:hidden;margin:20px auto 0;
border:1px solid #FFF;}
.internal{width:266px;float:left;}
#box h2{height:38px;border-bottom:1px solid #ccc;padding-left:5px;}
#box h2 strong{float:left; line-height:38px;color:#885050;}
#box h2 a{float:right;width:52px;height:14px;font-size:12px;text-
indent:20px;color:#fff;line-height:12px;font-weight:normal;margin-top:10px;}
#box li{height:30px;position:relative;border-bottom:1px dashed #ccc;}
#box li div,#box li p{height:30px;position:absolute;top:0;left:0;width:100%;}
#box li p{background:#fff;opacity:0;filter:alpha(opacity=0);}
#box li div a,#box li div span{line-height:30px;font-size:12px;height:30px;}
#box li div a {float:left;padding-left:5px;color:#7F5454;width:185px;overflow:hidden;}
#box li div span{padding-right:10px;float:right;color:#CF9494;}
</style>
```

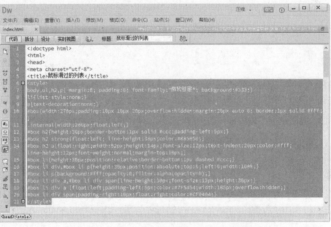

图16-13　输入CSS代码定义文字的样式

（2）接着输入JavaScript代码，用来实现鼠标滑过特效，如图16-14所示。

```
<script type="text/javascript">
window.onload=function()
{  var d=document;
   var oBox=d.getElementById('box');
   var aLi=oBox.getElementsByTagName('li');
   var i=0;

   for(i=0;i<aLi.length;i++)
```

```
{   var oP=aLi[i].getElementsByTagName('p')[0];
        oP.iAlpha=0;
        oP.times=null;
        aLi[i].onmouseover=function()
        {       oP=this.getElementsByTagName('p')[0];
                oP.times && clearInterval(oP.times);
                oP.style.opacity=1;
                oP.style.filter="alpha(opacity=100)";
                oP.iAlpha=100;
        };
        aLi[i].onmouseout=function()
        {
                startMove(this.getElementsByTagName('p')[0])
        };
    }
};
function startMove(obj)
{   obj.times && clearInterval(obj.time);
    obj.times=setInterval(function()
    {
        doMove(obj);
    },10);
}
function doMove(obj)
{   var iSpeed=5;
    if(obj.iAlpha<=iSpeed)
    {
        clearInterval(obj.times);
        obj.iAlpha=0;
        obj.time=null;
    }
    else
    {
        obj.iAlpha-=iSpeed;
    }
    obj.style.filter="alpha(opacity="+obj.iAlpha+")";
    obj.style.opacity=obj.iAlpha/100;
}
</script>
```

图16-14　输入JavaScript代码

（3）下面在正文中输入如下div和列表，用来显示文字信息，如图16-15所示。

图16-15　输入div和列表

```html
<div id="box">
    <div class="internal">
        <h2><strong>今日信息</strong><a href="javascript:;">more</a></h2>
        <ul>
            <li>
                <p></p>
                <div>
                    <a href="javascript:;">　教孩子做个好主人好客　</a>
                    <span>2015-09-10</span>
                </div>
            </li>
            <li>
                <p></p>
                <div>
                    <a href="javascript:;">中国成功发射遥感卫星二十二号　</a>
                    <span>2015-09-10</span>
                </div>
```

```
            </li>
            <li>
                <p></p>
                <div>
                    <a href="javascript:;">中国环保部：海外投资环保违规将</a>
                    <span>2015-09-10</span>
                </div>
            </li>
            <li>
                <p></p>
                <div>
                    <a href="javascript:;">北大专家：再坚持反腐十几年就可</a>
                    <span>2015-09-10</span>
                </div>
            </li>
            <li>
                <p></p>
                <div>
                    <a href="javascript:;"> 4岁女童从8层高楼上跌落奇迹生还</a>
                    <span>2015-09-10</span>
                </div>
            </li>
            <li>
                <p></p>
                <div>
                    <a href="javascript:;"> 俄外长：乌俄两国是兄弟俄罗斯不</a>
                    <span>2015-09-10</span>
                </div>
            </li>
        </ul>
    </div>
</div>
```

第17章
广告代码特效案例

本章导读

在许多网站上，都可以看到动感十足的网页广告。这些网页广告吸引着客户的眼球，快速有效地传递着各式各样的信息。广告已经渗透到了互联网的每个角落，变得无所不在。从这个意义上说，广告已经成为网页的重要组成部分。

技术要点

◎ 漂浮广告代码

◎ 可关闭的对联广告

◎ 收缩的Banner广告

◎ 悬浮的QQ在线客服

◎ 多个图片广告交替显示

◎ 先显示大图随后自动收起显示小图

实例展示

收缩的Banner广告

多个图片广告交替显示

17.1 漂浮广告

漂浮广告是指存在于网站页面上的以漂移形式存在的广告。它可以是图片，可以自动适应屏幕分辨率，不被任何网页元素遮挡，同时可以支持多个图片漂浮。该类型的广告通常是为了达到宣传网站的效果，所以经常被各大网站用到。漂浮式广告就像永不消失的幽灵一样，在浏览网页的时候，漂浮广告不停地在网页上漂来漂去，因为它在不停地漂动，让人在视觉上感觉到有一种吸引力。图17-1所示为漂浮广告。

图17-1 漂浮广告

```
<html>
<head>
<meta http-equiv="content-type" content="text/html; charset=gb2312" />
<title>漂浮广告</title>
</head>
<body>
<div id=img1 style="z-index: 100; left: 2px; width: 59px; position: absolute; top: 43px;
height: 61px; visibility: visible;">
<a href="/" target="_blank"><img src="logo.jpg"  border="0"></a></div>
<script language="javascript">
var xpos = 300;
var ypos = 200;
var step = 1;
var delay = 30;
var height = 0;
var hoffset = 0;
var woffset = 0;
var yon = 0;
var xon = 0;
var pause = true;
var interval;
img1.style.top = ypos;
function changepos()
{   width = document.body.clientwidth;
    height = document.body.clientheight;
    hoffset = img1.offsetheight;
    woffset = img1.offsetwidth;
    img1.style.left = xpos + document.body.scrollleft;
    img1.style.top = ypos + document.body.scrolltop;
    if (yon)
          {ypos = ypos + step;}
    else
          {ypos = ypos - step;}
    if (ypos < 0)
          {yon = 1;ypos = 0;}
    if (ypos >= (height - hoffset))
          {yon = 0;ypos = (height - hoffset);}
    if (xon)
          {xpos = xpos + step;}
    else
          {xpos = xpos - step;}
    if (xpos < 0)
          {xon = 1;xpos = 0;}
```

```
    if (xpos >= (width - woffset))
        {xon = 0;xpos = (width - woffset); }
    }
    function start()
     {     img1.visibility = "visible";
           interval = setinterval('changepos()', delay);
    }
    function pause_resume()
    {
        if(pause)
        {     clearinterval(interval);
              pause = false;}
        else
        {     interval = setinterval('changepos()',delay);
              pause = true;
              }
        }
    start();
</script>
</body>
</html>
```

17.2 可关闭的对联广告

对联广告比较常见，下面制作一个可关闭的对联广告，当滚动鼠标滚轮或拖动滚动条，对联广告就会随着滚动条滚动至初始位置，如图17-2所示。

图17-2　可关闭的对联广告

打开Dreamweaver软件，在<body>正文中输入如下代码，用来实现可关闭的对联广告，如图17-3所示。

图17-3 可关闭的对联广告

```
<script language=javascript>
suspendcode="<div id=lovexin1 style='z-index: 10; left: 6px; position:
absolute; top: 105px; '><img src='close.gif' onclick='javascript:window.hide()'
width='100' height='14' border='0' vspace='3' alt='关闭对联广告'><a href='http://www.
baidu.com/' target='_blank'><img src='ad.jpg' border='0'></a></div>"
document.write(suspendcode);
suspendcode="<div id=lovexin2 style='z-index: 10; left: 896px; position:
absolute; top: 105px; '><img src='close.gif' onclick='javascript:window.hide()'
width='100' height='14' border='0' vspace='3' alt='关闭对联广告'><a href='http://www.
baidu.com/' target='_blank'><img src='ad.jpg' border='0'></a></div>"
document.write(suspendcode);
//flash格式调用方法
//<embed src='flash.swf' quality=high  width=100 height=300
type='application/x-shockwave-flash' id=ad wmode=opaque></embed>
lastscrolly=0;
function heartbeat(){
diffy=document.body.scrolltop;
percent=.3*(diffy-lastscrolly);
if(percent>0)percent=math.ceil(percent);
else percent=math.floor(percent);
document.all.lovexin1.style.pixeltop+=percent;
document.all.lovexin2.style.pixeltop+=percent;
lastscrolly=lastscrolly+percent;
}
function hide()
{
lovexin1.style.visibility="hidden";
lovexin2.style.visibility="hidden";
}
window.setinterval("heartbeat()",1);
</script>
```

17.3 收缩的Banner广告

一个Banner广告收缩效果，当将其点开后，网页显示为大广告，用鼠标单击"关闭"按钮后，广告会收缩上去。此效果在各大网站被经常使用，如图17-4所示。

图17-4 收缩的Banner广告

（1）使用Dreamweaver打开网页文档，如图17-5所示。

图17-5 使用Dreamweaver打开网页文档

（2）在网页的<head>与</head>之间输入如下所示的代码，如图17-6所示，用来实现收缩的Banner广告。

```css
<style type="text/css">
*{margin:0; padding:0;}/*为了方便 直接这样重置了*/
#main{margin:0 auto; width:960px;}
#banner{display:none; margin:0 auto; width:980px; height:400px;
 background:url(banner.jpg) no-repeat; position:relative;}
```

```
#close{display:block; width:50px; height:22px; text-align:center; line-
height:22px; border:1px #ddd solid; background:#000; color:#fff; font-
size:12px; float:right; cursor:pointer;}
</style>
<script type="text/javascript" src="jquery1.3.2.js"></script>
<script type="text/javascript">
$(
function()
{
$("#banner").slideDown();
var Up=function(){$("#banner").slideUp(1500)}
setTimeout(Up,3000);
$("#close").click
(function()
{
$("#banner").slideToggle
(600,function()
{
if($("#banner").css("display") == "none")
{$("#close").text("打开");}
else{
$("#close").text("关闭");
}
}
);
}
);
}
);
</script>
```

图17-6　输入代码以实现收缩的Banner广告

（3）在\<body>正文中输入如下的div代码，如图17-7所示。

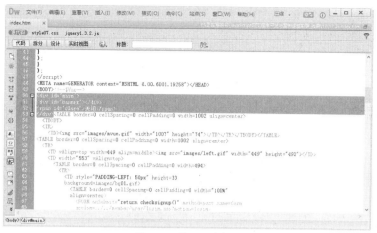

图17-7 输入div代码

17.4 悬浮的QQ在线客服

QQ在线客服功能可以让网站经营者更便捷地了解来访的顾客情况，了解顾客需要的情况；可以分析顾客需要，进而优化网站内容。本例制作的QQ在线客服，平时悬浮在网页的两侧，当鼠标移上时就自动展开，非常实用方便，如图17-8所示。下面就介绍怎样给网站制作QQ在线客服。

图17-8 QQ在线客服

（1）使用Dreamweaver打开网页文档，在\<head>与\</head>之间添加如下的CSS代码，如图17-9所示，用来定义悬浮的QQ在线客服样式。

```
<style type="text/css">
.qqwid{width:142px;background-image:url(qq_bg.gif);color:#000000;}
.qqwid a{text-decoration:none;}
.qqwid a:link{color:#000000;}
.qqwid a:visited{color:#000000;}
.qqwid a:hover{color:#FF0000;}
```

```
.qqwid a:active{color:#000000;}
.qqwid .qqnei{margin-left:5px;margin-right:5px;line-height:25px;}
.qqwid .qqnei img{margin-left:3px;margin-right:5px;vertical-align:middle;}
.qqwid td{font-size:12px;height:25px;line-height:25px;}
</style>
```

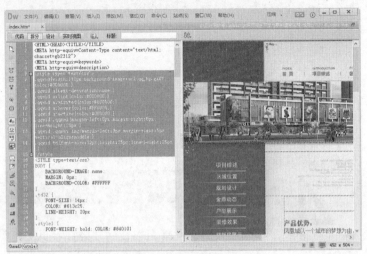

图17-9　输入CSS代码

（2）在<body>正文中输入如下代码，用来显示悬浮的QQ在线客服，如图17-10所示。

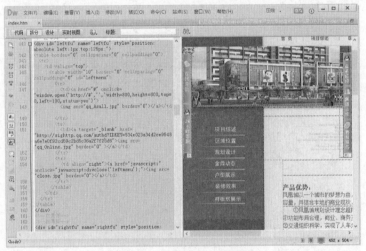

图17-10　悬浮的QQ在线客服

```
<table border="0" cellspacing="0" cellpadding="0">
  <tr> <td valign="top">
  <table width="10" border="0" cellspacing="0" cellpadding="0" id="leftmenu">
    <tr><td><a href="#" onclick="window.open('http://#','','width=800,height=600
,top=0,left=100,status=yes')">
  <img src="qq_Asall.jpg" border="0"></a></td> </tr>
    <tr><td><a target="_blank" href="http://sighttp.qq.com/authd?IDKEY=534e02
3a34d2ce9548a6e7e0f92cd59c2bd5c36a2f7f25d6"><img src="qq_Online.jpg" border="0"
></a></td></tr>
```

```
    <tr><td align="right"><a href="javascript:" onclick="javascript:divclose('le
ftmenu');">
    <img src="close.jpg" ></a></td> </tr>
      </table> </td> </tr>
    </table>
    </div>
    <div id="rightfu" name="rightfu" style="position:absolute;right:1px;top:125px;">
    <table border="0" cellspacing="0" cellpadding="0">
      <tr>
        <td valign="top">
        <div class="qqwid" id="showrightmenu_1" style="filter:alpha(opacity=80);z-
index:1; display:none;" onmouseover="javascript:showrightmenuover(1);" onmouseo
ut="javascript:showrightmenuout(1);">
            <div><img src="qq_top.gif"></div>
            <div class="qqnei">
            <table border="0" cellspacing="0" cellpadding="0" style="filter:alpha(opa
city=86);">
          <tr>
    <td><img src="http://wpa.qq.com/pa?p=1:23132:17" height="17" align="middle">
    <a href="http://wpa.qq.com/msgrd?v=3&uin=23132&site=#&menu=yes" target="_
blank">在线客服</a></td> </tr>
      <tr><td><img src="http://wpa.qq.com/pa?p=1:23132:17" height="17" align="middle">
      <a href="http://wpa.qq.com/msgrd?v=3&uin=23132&site=#&menu=yes" target="_
blank">在线客服</a></td> </tr>
      <tr> <td><img src="http://wpa.qq.com/pa?p=1:23132:17" height="17" align="middle">
        <a href="http://wpa.qq.com/msgrd?v=3&uin=23132&site=#&menu=yes" target="_
blank">在线客服</a></td> </tr>
      <tr><td><img src="http://wpa.qq.com/pa?p=1:23132:17" height="17" align="middle">
      <a href="http://wpa.qq.com/msgrd?v=3&uin=23132&site=#&menu=yes" target="_
blank">在线客服</a></td></tr>
      <tr><td><img src="http://wpa.qq.com/pa?p=1:23132:17" height="17" align="middle">
      <a href="http://wpa.qq.com/msgrd?v=3&uin=23132&site=#&menu=yes"
      target="_blank">在线客服</a></td></tr>
      <tr><td><img src="http://wpa.qq.com/pa?p=1:23132:17" height="17" border="0"
align="middle">
      <a href="http://wpa.qq.com/msgrd?v=3&uin=23132&site=#&menu=yes" target="_
blank">在线客服</a></td></tr>
      <tr><td><img src="http://wpa.qq.com/pa?p=1:23132:17" height="17" align="middle">
      <a href="http://wpa.qq.com/msgrd?v=3&uin=23132&site=#&menu=yes" target="_
blank">在线客服</a></td></tr>
      <tr><td><img src="http://wpa.qq.com/pa?p=1:23132:17" height="17" align="middle">
      <a href="http://wpa.qq.com/msgrd?v=3&uin=23132&site=#&menu=yes" target="_
blank">在线客服</a></td> </tr>
```

```
   <tr><td><img src="http://wpa.qq.com/pa?p=1:23132:17" height="17" align="middle">
   <a href="http://wpa.qq.com/msgrd?v=3&uin=23132&site=#&menu=yes" target="_
blank">在线客服</a></td></tr>
   <tr><td><img src="http://wpa.qq.com/pa?p=1:23132:17" height="17" align="middle">
   <a href="http://wpa.qq.com/msgrd?v=3&uin=23132&site=#&menu=yes" target="_
blank">在线客服</a></td> </tr>
   <tr><td><img src="http://wpa.qq.com/pa?p=1:23132:17" height="17" align="middle">
   <a href="http://wpa.qq.com/msgrd?v=3&uin=23132&site=#&menu=yes"
   target="_blank">在线客服</a></td> </tr>
   <tr><td><img src="http://wpa.qq.com/pa?p=1:23132:17" height="17" align="middle">
   <a href="http://wpa.qq.com/msgrd?v=3&uin=23132&site=#&menu=yes" target="_blank">
   在线客服</a></td></tr>
   <tr><td><img src="http://wpa.qq.com/pa?p=1:23132:17" height="17" align="middle">
   <a href="http://wpa.qq.com/msgrd?v=3&uin=23132&site=#&menu=yes" target="_blank">
   在线客服</a></td> </tr>
   <tr><td><img src="http://wpa.qq.com/pa?p=1:23132:17" height="17" align="middle">
   <a href="http://wpa.qq.com/msgrd?v=3&uin=23132&site=#&menu=yes" target="_blank">
   在线客服</a></td> </tr>
   <tr><td><img src="http://wpa.qq.com/pa?p=1:23132:17" height="17" align="middle">
   <a href="http://wpa.qq.com/msgrd?v=3&uin=23132&site=#&menu=yes" target="_blank">
   在线客服</a></td></tr>
   <tr><td><img src="http://wpa.qq.com/pa?p=1:23132:17" height="17" align="middle">
   <a href="http://wpa.qq.com/msgrd?v=3&uin=23132&site=#&menu=yes" target="_blank">
   在线客服</a></td></tr>
   <tr><td><img src="http://wpa.qq.com/pa?p=1:23132:17" height="17" align="middle">
   <a href="http://wpa.qq.com/msgrd?v=3&uin=23132&site=#&menu=yes" target="_
blank">在线客服</a></td></tr> </table>
   </div>
       <div><img src="qq_bottom.gif" width="142" height="6"></div>
     </div>
<div class="qqwid" id="showrightmenu_2" style="filter:alpha(opacity=80);z-index:1;
margin-top:87px;display:none;" onmouseover="javascript:showrightmenuover(2);"
onmouseout="javascript:showrightmenuout(2);">
   <div><img src="qq_top.png"></div>
   <div class="qqnei">
   <table border="0" cellspacing="0" cellpadding="0" style="filter:alpha(opacity=86);">
   <tr><td><img src="http://wpa.qq.com/pa?p=1:23132:17" height="17" align="middle">
   <a target="_blank" href="http://wpa.qq.com/msgrd?v=3&uin=23132&site=#&menu=y
es">在线客服</a></td></tr>
   <tr><td><img src="http://wpa.qq.com/pa?p=1:23132:17" height="17" align="middle">
   <a target="_blank" href="http://wpa.qq.com/msgrd?v=3&uin=23132&site=#&menu=y
es">在线客服</a></td></tr>
   <tr><td><img src="http://wpa.qq.com/pa?p=1:23132:17" height="17" align="middle">
```

```
<a target="_blank" href="http://wpa.qq.com/msgrd?v=3&uin=23132&site=#&menu=yes">
在线客服</a></td></tr>
    </table></div>
    <div><img src="qq_bottom.png" width="142" height="6"></div>
    </div>
    <div class="qqwid" id="showrightmenu_3"
style="filter:alpha(opacity=80);z-index:1;margin-top:174px;display:none;" onmouseove
r="javascript:showrightmenuover(3);" onmouseout="javascript:showrightmenuout(3);">
    <div><img src="qq_top.png"></div>
    <div class="qqnei">
    <table border="0" cellspacing="0" cellpadding="0" style="filter:alpha(opacity=90);">
    <tr><td><img src="http://wpa.qq.com/pa?p=1:23132:17" height="17" align="middle">
    <a target="_blank" href="http://wpa.qq.com/msgrd?v=3&uin=23132&site=#&menu=yes">
在线客服</a></td></tr>
    <tr><td><img src="http://wpa.qq.com/pa?p=1:23132:17" height="17" align="middle">
    <a target="_blank" href="http://wpa.qq.com/msgrd?v=3&uin=23132&site=#&menu=y
es">在线客服</a></td></tr>
    <tr><td><img src="http://wpa.qq.com/pa?p=1:23132:17" height="17" align="middle">
    <a target="_blank" href="http://wpa.qq.com/msgrd?v=3&uin=23132&site=#&menu=yes">
在线客服</a></td></tr>
    <tr><td><img src="http://wpa.qq.com/pa?p=1:23132:17" height="17" align="middle">
    <a target="_blank" href="http://wpa.qq.com/msgrd?v=3&uin=23132&site=#&menu=yes">
在线客服</a></td></tr>
    <tr><td><img src="http://wpa.qq.com/pa?p=1:23132:17" height="17" align="middle">
    <a target="_blank" href="http://wpa.qq.com/msgrd?v=3&uin=23132&site=#&menu=yes">
在线客服</a></td></tr>
    <tr><td><img src="http://wpa.qq.com/pa?p=1:23132:17" height="17" align="middle">
    <a target="_blank" href="http://wpa.qq.com/msgrd?v=3&uin=23132&site=#&menu=yes">
在线客服</a></td></tr></table>
    </div>
    <div><img src="qq_bottom.png" width="142" height="6"></div>
    </div></td>
    <td valign="top">
    <table width="10" border="0" cellspacing="0" cellpadding="0" id="rightmenu">
    <tr><td><a href="javascript:" onmouseover="javascript:showrightmenuover(1);"
onmouseout="javascript:showrightmenuout(1);">
    <img src="qq_Atuo.jpg" border="0"></a></td> </tr>
    <tr><td><a href="javascript:" onmouseover="javascript:showrightmenuover(2);"
onmouseout="javascript:showrightmenuout(2);">
    <img src="qq_Adns.jpg" border="0" ></a></td></tr>
    <tr><td><a href="javascript:" onmouseover="javascript:showrightmenuover(3);"
onmouseout="javascript:showrightmenuout(3);">
    <img src="qq_Beian.jpg" border="0"></a></td></tr>
```

```
    <tr><td align="left"><a href="javascript:" onclick="javascript:divclose('right
menu');">
          <img src="close.jpg" border="0"></a></td> </tr>
        </table>
      </td>
    </tr>
  </table>
  </div>
  <script event="fscommand()" for="eccoolad" type="text/javascript"></script>
  <script type="text/javascript">
  var lastScrollY=0;
  var setup=0.02
  function heartBeat(){ diffY=document.documentElement.scrollTop;
      percent=setup*(diffY-lastScrollY);
      if(percent>0)percent=Math.ceil(percent);
      else percent=Math.floor(percent);
      document.getElementById("leftfu").style.top=parseInt(document.
getElementById("leftfu").style.top)+percent+"px";
      document.getElementById("rightfu").style.top=parseInt(document.
getElementById("rightfu").style.top)+percent+"px";
    lastScrollY=lastScrollY+percent; }
  window.setInterval("heartBeat()",1);
  function divclose(name){document.getElementById(name).style.visibility='hidden';}
  function showqqdivover(i)
  {document.getElementById("showqq"+i).style.display="block";}
  function showqqdivout(i)
  {document.getElementById("showqq"+i).style.display="none";}
  function showleftmenuover(id)
  {document.getElementById("showleftmenu_"+id).style.display="block";}
  function showleftmenuout(id)
  {document.getElementById("showleftmenu_"+id).style.display="none";}
  function showrightmenuover(id)
  {document.getElementById("showrightmenu_"+id).style.display="block";}
  function showrightmenuout(id)
  {document.getElementById("showrightmenu_"+id).style.display="none";}
  </script>
```

17.5 多个图片广告交替显示

JavaScript可以实现多个Banner图片广告的交替显示。如果你的网站广告位被占满了，可以考虑让多个图片广告轮番交替显示，其链接也跟着改变，这样可以节省宝贵的广告位。如图17-11所示。

图17-11　多个图片广告交替显示

（1）制作时，首先准备3幅图片，分别命名为wall_s1.jpg、wall_s2.jpg、wall_s3.jpg，如图17-12、图17-13、图17-14所示。

图17-12　wall_s1.jpg

图17-13　wall_s2.jpg

279

图17-14　wall_s4.jpg

（2）打开网页文档，在<head>与</head>之间输入如下的JavaScript代码，用来实现多幅广告图片翻转，如图17-15所示。

```
<script language="JavaScript" type="text/JavaScript">
<!--
var urlArray = new Array(3);
var banArray = new Array(3);
var counter = 1;
var url = "http://URL1";
urlArray[0] = "http://URL1";
urlArray[1] = "http:// URL1";
urlArray[2] = "http:// URL1";
if(document.images)
{
  for(i = 0; i < 3; i++)
  {
    banArray[i] = new Image(468, 60);
    banArray[i].src = "wall_s" + (i+1) + ".jpg";
  }
}
function changeBanner()
{
  if(counter > 2)
   counter = 0;
  document.banner.src = banArray[counter].src;
  url = urlArray[counter];
  counter++;
}
var timer = window.setInterval("changeBanner()", 3000);
//-->
</script>
```

（3）在网页<body>与</body>之间适当的位置输入如下代码，用来显示翻转广告图片，如图17-16所示。

图17-15 输入JavaScript代码

```
<a href="#" onClick="window.open(url,'BannerWin');">
<img src="wall_s1.jpg" border=0 name="banner"></a>
```

图17-16 翻转广告图片

17.6 先显示大图随后自动收起显示小图

如图17-17和图17-18所示，这是一个非常不错的JavaScript图片特效。当打开网页的时候，显示的是大图片，就像遮屏广告一样，在停留一会后，它会自动缓慢收起，这是由JavaScript控制的更换广告图片特效，它能始终显示在网页顶部。在一些大门户网站会经常见到这种效果。

图17-17 显示大图

图17-18　显示小图

制作时要先准备两幅图片，一幅小图as.jpg，一幅大图ab.jpg。先显示大图随后自动收起显示小图的实例代码如下。

```
<!doctype html>
<html>
<head>
<meta charset="utf-8">
<title>先显示大图随后自动收起显示小图的js广告</title>
<meta http-equiv="content-type" content="text/html;charset=gb2312">
<style type="text/css">
html,body{margin:0;text-align:center;font-size:12px;}
img{border:none}
p{margin:0px}
</style>
<script type="text/javascript">
var showad = {
curve: function(t, b, c, d, s) {
if ((t /= d / 2) < 1) return c / 2 * t * t * t + b;
return c / 2 * ((t -= 2) * t * t + 2) + b
},
fx: function(from, to, playtime, onend) {
var me = this,
who = this.adwrap,
position = 0,
changeval = to - from,
curve = this.curve;
playtime = playtime / 10;
who.style.overflow = 'hidden';
function _run() {
if (position++<playtime) {
who.style.height = math.max(1, math.abs(math.ceil(curve(position, from,
changeval, playtime)))) + "px";
settimeout(_run, 10)
} else {
onend && onend.call(me, to)
}
};
_run()
},
init: function(info) {
var me = this,
```

```
loadimg = new image;
loadimg.src = info.endimgurl;
window.onload=function() {
me.endimgurl = info.endimgurl;
me.img = document.getelementbyid(info.imgid);
me.adwrap = document.getelementbyid(info.adwrapid);
var max = me.img.height;
settimeout(function() {
me.fx(max, 0, 500,
function(x) {
this.img.src = this.endimgurl;
this.curve = function(t, b, c, d) {
if ((t /= d) < (1 / 2.75)) {
return c * (7.5625 * t * t) + b
} else if (t < (2 / 2.75)) {
return c * (7.5625 * (t -= (1.5 / 2.75)) * t + .75) + b
} else if (t < (2.5 / 2.75)) {
return c * (7.5625 * (t -= (2.25 / 2.75)) * t + .9375) + b
} else {
return c * (7.5625 * (t -= (2.625 / 2.75)) * t + .984375) + b
}
};
this.fx(0, this.img.height,600)
})
},
info.timeout || 1000)
};
}
};
showad.init({
adwrapid: 'ad_box_2009_06',
imgid: 'adimg',
endimgurl: 'as.jpg'
});
</script>
</head>
<body>
<div id="ad_box_2009_06"><img src="ab.jpg" id="adimg"></div>
</body>
</html>
```